心智·新思

意识探索

CONSCIOUSNESS

Confessions of a Romantic Reductionist

［美］克里斯托夫·科赫（Christof Koch） 著

李恒威　李恒熙　安晖　译

中国人民大学出版社
·北京·

献给

汉内莱（Hannele）

序　言

你手里的这本书是对当代意识科学的一个精练的阐述。通过阅读这本书，只要几个小时，你就会了解自然科学家在解释人类存在的核心问题之一时所持的立场。这个核心问题就是主观感受或者说意识是如何在世界中出现的。一个常见的回答是"经由你的头脑"。但是，这个回答不太管用。在你的头脑中，哪些东西使你能够意识到颜色、疼痛和喜悦、过去和未来、自己和他人？只要是脑就可以产生意识吗？那么昏迷病人的脑、胎儿的脑、狗的脑、老鼠的脑、苍蝇的脑也可以吗？计算机的"脑"又如何呢？它们也会有意识吗？我将着手处理这些问题以及其他一些问题，包括自由意志、意识理论，以及研究中那个令我头疼的问题：量子力学在多大程度上与理解意识有关。

然而，这本书不仅探讨科学议题，同时也是我的自白与自传。作为一位冷静客观的物理学家和生物学家，我近年来也沉浸于探索存在的奥秘。在过去的岁月里，我深刻体会到我的无意识倾向、信念以及性格的优点和缺点如何深刻影响我的生活和人生事业追求。我曾体验过小说家村上春树在一次令人难忘的访谈中所描述的情境："我们拥有一些自己的房间，但大部分房间我们尚未涉足。那些被遗忘的房间。我们不时发现一些通道。我们发现一些奇怪的事物……老旧的留声机、照片、书籍……它们属于我们，但我们却是第一次发现它们。"当这些被遗忘的房间与我对意识根源的探索产生关联时，你便能对它们有一些了解。

2011 年 5 月

加利福尼亚州帕萨迪纳

致　谢

　　书籍是卓越人性的明证。撰写、编辑和出版一部著作是一个需要多人积极合作的过程。在这个过程中，每个人都在朝着一个遥远的目标努力耕耘，虽然主要回报可能只是沉浸在工作中的美好感受。

　　布莱尔·波特（Blair Potter）宽容地对待我散漫的叙述风格，并悉心编辑它们。她在我的作品中发掘出了三条相互交织的线索，并巧妙地将它们重新编织。如果这本书的阅读体验更加流畅和连贯，那么这要完全归功于她的辛勤付出和精湛的编辑技巧。约翰·穆德泽克（John Murdzek）和凯瑟琳·阿尔梅达（Katherine Almeida）对全书进行了细致的校对，萨拉·鲍尔（Sara Ball）、周仲宇（Amy Chung-Yu Chou）[①]和凯利·奥弗利（Kelly Overly）在编辑过程中提出了许多宝贵的意见和建议。

　　沃尔尼·盖伊（Volney Gay）教授，任教于纳什维尔的范德比尔特大学，专攻精神病学与宗教学研究。在 2007 年

---

　　① 音译。——译者注

的春季，盖伊教授邀请我为"邓普顿研究讲座"（Templeton Research Lectures）进行三次公开演讲，主题为"哲学、宗教与科学中的意识问题"。这个讲座系列最终促成了本书的出版。我衷心感谢约翰·邓普顿基金会（John Templeton Foundation）对这次公开演讲活动的慷慨赞助。

　　我要向以下的学生、朋友或同事表示衷心的感谢，他们阅读了本书的部分内容，并指出了其中的许多不当之处，他们是：拉尔夫·阿道夫斯（Ralph Adolphs）、内德·布洛克（Ned Block）、布鲁斯·布里奇曼（Bruce Bridgeman）、麦凯尔·罗纳德·卡特（McKell Ronald Carter）、莫兰·瑟夫（Moran Cerf）、大卫·查默斯（David Chalmers）、迈克尔·哈夫雷维奇（Michael Hawrylycz）、康斯坦策·希普（Constanze Hipp）、法蒂玛·伊马姆奥卢（Fatma Imamoglu）、迈克尔·科赫（Michael Koch）、加布里埃尔·科瑞曼（Gabriel Kreiman）、乌里·毛兹（Uri Maoz）、伦纳德·蒙洛蒂诺（Leonard Mlodinow）、乔尔·帕多维茨（Joel Padowitz）、阿尼尔·赛斯（Anil Seth）、亚当·沙伊（Adam Shai）、朱利奥·托诺尼（Giulio Tononi）和吉迪恩·亚夫（Gideon Yaffe）。希瑟·伯林（Heather Berlin）建议我使用目前这个书名。经过布鲁斯·布里奇曼、麦凯尔·卡特和朱利奥·托诺尼的仔细审阅和修改，本书稿得以完善。他们的批评意见，无论是含蓄的还是直率的，都为本书的流畅度和连贯性做出了贡献,减少了一些突兀、烦人或离题的内容。

感谢众多研究机构为我提供了安心进行学术研究的场所。首先,我要感谢加州理工学院,这所学校在过去 25 年里一直是我的智识家园。在我生命中的这段艰难时期,加州理工学院及其师生们始终是我坚实的后盾。他们在我面临各种困难时给予了我无私的帮助和支持,使我得以克服难关。位于首尔的高丽大学为我在远东地区提供了一个"避难所",使我有条件写作并深入思考本书所讨论的问题。位于西雅图的艾伦脑科学研究所给予我慷慨的支持,使我能心无旁骛地完成这本书的写作。

我实验室的研究受到以下机构的资助:国家科学基金会(National Science Foundation)、国立卫生研究院(National Institutes of Health)、海军研究办公室(Office of Naval Research)、国防高级研究计划局(Defense Advanced Research Projects Agency)、马瑟斯基金会(G. Harold & Leila Y. Mathers Foundation)、施瓦茨基金会(Swartz Foundation)、艾伦家庭基金会(Paul G. Allen Family Foundation),以及韩国国家研究基金会(National Research Foundation of Korea)。我对上述所有机构表示衷心的感谢。

目　录

第一章

　　我将对古老的心身问题进行深入探讨，并阐述我为何致力于通过理性和经验实证的方法来寻求解答。同时，我将带领你了解弗朗西斯·克里克在这一领域的重要贡献，并阐述他与这一探索之间的关联。在此过程中，我将坦诚地表达我的观点，并以一种悲痛的注解作为结尾。

我无法告诉你它实际上是什么，我只能告诉你它感觉像是什么。

——埃米纳姆

《爱上你撒谎的方式》(Love the Way You Lie, 2010)

我的生活因为一件平凡小事走上了新的道路。我服用了一片阿司匹林，然而，牙痛依然持续不断。我躺在床上，下臼齿的阵阵剧痛让我辗转反侧，难以入眠。

我尝试通过思考疼痛为何如此剧烈来分散注意力，以减轻疼痛的感觉。据我所知，牙髓的炎症会沿着三叉神经的一条分支传导电活动，最终到达脑干。经过进一步的中继后，位于颅骨下新皮层灰质中的神经细胞被激活，并发放电脉冲。脑部这一区域的生物电活动与疼痛意识，包括强烈的疼痛感，密切相关。

但是，等等。这里发生了一件令人极其费解的事。脑中的活动如何触发感受？脑不过是一团黏糊糊的东西。这种仅仅是肉的东西——就像赛博朋克小说中轻蔑提及的身体——如何产生了情识（sentience）？说得更明白一点，物理的事物如何引发非物理的事物，即引发主观状态呢？无论是一个遥远夏日里我在大西洋海岸所体验到的疼痛、我看到孩子时所感到的喜悦，还是品尝满是泡沫的武弗雷葡萄酒时所产生的快感，所有这些体验的起源均与神经物质的兴奋有关，这是一个令人困惑的问题。

让人感到困惑的原因在于神经系统与其内部景象（也就是神经系统产生的感觉）之间似乎存在一道无法逾越的鸿沟。一方面，脑是已知宇宙中最复杂的客体，它遵循物理定律。另一方面是觉知（awareness）的世界，这是生命所见与所闻的世界，是恐惧和愤怒的世界，是欲望、爱和厌倦的世界。

正如中风或头部猛烈撞击等事件所强烈表明的，这两个世界之间存在紧密的联系。奥斯卡·王尔德以诗意的语言描述了这种联系："正是在脑中，罂粟绽放出红艳，苹果散发出芳香，云雀欢快地歌唱。"然而，这种转变是如何发生的呢？脑如何通过其结构、大小、活动和复杂性来构建我们的有意识体验呢？

我们无法在物理学的基础方程式或化学周期表中找到意识的踪迹，也无法在基因无尽的 ATGC 分子序列中发现意识的存在，但作为写下这几行句子的我与作为读者的你们都有情识。这就是我们所处的宇宙，在这个宇宙中，组织精微的物质的特定振动引发了有意识感受，这与摩擦黄铜灯后就会出现满足三个愿望的神灵一样神奇。

我是一个书呆子。当我还是孩子时，我制造过自己的家用电脑来执行布尔逻辑定律。我会醒着躺在床上，在脑海中设计精巧的隧道掘进机。所以，当牙疼时，我会很自然地想到一台计算机能否体验到疼痛。假设有一个温度传感器连接到我的笔记本电脑，并以如下方式来编程：如果房间变得太热，单词"pain"（疼痛）将以巨大的红色字母显示在屏幕上。然而，对于我的苹果电脑而言，"疼痛"感受起来像什么？苹果公司的任何产品，我都不吝赞美之词，尤其是因为它们很酷，但我绝不会说它们有情识。

然而，为何不呢？是因为我的笔记本电脑是基于不同的物理原理运行吗？与带正、负电荷的钠、钾、钙和氯离子在神经细胞的内外穿梭不同，电子在晶体管栅极上流动，导致它们开或关。这是关键的差别吗？我不这么认为，因为我坚信，最终至关重要的是脑的不同部分之间的功能联系。至少在原则上，人们能在计算机上模仿这些联系。是因为人类是有机的，由骨骼、肌肉和神经构成，而计算机是人造的，由钛、铜线和硅制成的吗？这似乎也不是关键。那么，原因是否在于人类是在偶然和必然中演化的，而机械装置明显是被设计的？动物的演化史完全不同于数字机器，这种差异反映在它们的不同架构上。然而，我不明白它们的不同架构如何造成一个有意识而另一个没有意识。造成差异的一定是系统当下的物理状态，而不是系统如何变成这种状态。

所以，造成差异的差别到底是什么呢？

在哲学领域，解释个体为何能够感受和体验各种感觉是一个具有挑战性的问题，这一问题被称为**难问题**（Hard Problem）。这个术语由哲学家大卫·查默斯（David Chalmers）提出。在 20 世纪 90 年代，凭借一系列严密的论证推理，查默斯声名鹊起。他的推理结果显示，意识体验并不遵循宇宙中普遍存在的物理定律。而这些定律同等适用于没有意识或具有不同意识形式的世界。关于客观世界与主观世界之间的联系，我们无法找到一个还原论的、机械的解释。由于这一观点的独特性和影响力，"难问题"这一措辞迅速传播开来。"Hard Problem"以大写字母 H 开头，意为"难以置信的困难"（Impossibly Hard）。在日常生活中，我们普遍认为物理世界与现象世界紧密相关，但究其原因却仍然是一个谜。

戴夫（Dave）①给我上了一堂关于哲学的重要课程。我曾邀请他为神经生物学和工程学领域的听众讲解他的观点。在饮酒交流的过程中，他坚持认为，无论有多少经验实证的事

---

① 查默斯的昵称。——译者注

实、生物学上的发现和数学上的概念进步，都无法弥合这两个领域之间的鸿沟。戴夫还表示，"难问题"并不接受任何这类进步的检验。对于这些，我感到非常震惊。在没有借助数学或物理实证框架的情况下，他仅用寥寥数语就构建了如此具有确定性的东西。我认为他的论证很有力，但无疑缺乏足够的证据支持。

自那时起，我与众多哲学家有所接触，他们都深信自己的观点是正确的。然而，这种对自己观点的坚定信念在自然科学家中却较为罕见。除非经过无数其他竞争观点的考验和修正，否则任何人都无法确保自己的观点完全正确。由于我们不断地通过实验与繁复的大自然（Mother Nature）接触，大自然迫使我们不断修改我们最辉煌和最有美感的理论。我们已经吸取了惨痛的教训，明白了在任何想法经受住合理的怀疑之前，都不应过分信赖。

然而，这些论证在某种无意识层面对我产生了影响。根据这些论证，科学在探索现象世界的道路上终于遇到了一个对手：意识。意识抵制理性的解释，对科学分析免疫，超出了经验验证的范围。意识被认为是宗教的入口。宗教对心智现象有一个直观且合理的解释：我们拥有意识，是因为我们拥有一个非物质的灵魂，即真实的、内在的自我。灵魂被认为是超验实在（transcendental reality）的重要组成部分，超出了空间、时间和因果性的范畴。灵魂的目标是在时间的尽头与上帝统一。这些都是传统的答案，我在一个虔诚的罗马天主教家庭长大，从小就相信这些答案。

宗教和科学是理解世界及其起源和意义的两种模式。历史上，它们一直处于对立状态。但自启蒙时代开始，宗教在西方不断衰落。其中一个重要原因来自哥白尼革命，它取消了地球作为宇宙中心的位置，将其置于包含 1 000 亿个恒星的银河系的远端。然而，最严重的打击来自达尔文基于自然选择的演化论。该理论消解了人类对地球的神授统治权，并将《创世记》史诗替换为另一个故事，这个故事绵延亿万斯年、充满喧嚣和狂暴，但却毫无意义。演化废除了人类高贵的地位——人类只不过是不计其数的物种之一。根据基因的分子特征，人类的世系可以追溯到灵长类动物，并可一直追溯到蓝藻。

因此，许多宗教教义与现代世界观不相容。这并不一定令人惊讶，因为在这些奠定伟大一神论宗教的神话和教义形成之时，人类对地球的大小、年龄、演化以及生活在它上面的生物体的了解还非常有限。

许多人认为科学剥除了人类行为、希望和梦想的意义，在那里留下了荒凉和空虚。分子生物学先驱雅克·莫诺无奈地表达了这种凄凉的情感：

　　人类最终必定会从千年大梦中醒来，发现自己

完全孤独，孤立无援。像一个吉卜赛人一样，他必
须意识到他生活在一个陌生世界的边缘；这个世界
对他的音乐充耳不闻，对他的希望就像对他的苦难
和他的罪行一样漠不关心。

在我的大学时代，这样的警句，连同尼采和其他人写的
同样冰冷的只言片语，一起装饰了我宿舍的墙面。然而，我
最终坚决反对这种将宇宙视为冷漠之存在的表述。

在这一点上，我要做一个事后诸葛亮式的坦白：我现在
才认识到，驱使我研究意识的是一个我无法抗拒但又极其隐
蔽的渴望，即为生活是有意义的这一本能信念进行辩护。我
想，科学无法解释感受是如何出现在世界中的。通过全身心
地投入意识研究并在这一研究中经历失败，我想以令自己满
意的方式证明，科学不足以完全理解身心分裂的本质，无法
解释现象存在核心处的那个根本奥秘，而且莫诺的凄凉情感
是被误导出来的。到头来，事实并非如此。因此，牙痛让我
踏上了探索意识海洋的道路，而"难问题"指引着我前进。

我与弗朗西斯·克里克先生一同开始探讨心身问题。克
里克先生是一位杰出的物理化学家，他与詹姆斯·沃森先生
在 1953 年共同揭示了 DNA，即遗传分子的双螺旋结构。这
一非凡的发现被公认为分子生物学时代的开端，同时也作为
科学革命性发现的典范载入史册。他们在 1962 年荣获诺贝

尔奖。

正如霍勒斯·贾德森（Horace Freeland Judson）在其关于分子生物学的杰出著作《创世第八天》（*The Eighth Day of Creation*）中所表明的，弗朗西斯后来确立了自己在分子生物学领域首席科学家的地位。在这个充满激情和创新的领域，他成了众多科学家寻求指导的权威。在破译生命普遍密码的目标实现后，弗朗西斯的兴趣转向了神经生物学。1976年，在 60 岁时，他决定投身于这个新领域，并从英国的剑桥搬到了美国的加利福尼亚——象征着他从"旧世界"开始迈向"新世界"。

在长达 16 年的时间里，我和弗朗西斯共同撰写了 20 多篇科学论文和随笔。这些作品主要聚焦于灵长类动物脑的解剖学和生理学，以及它们与意识的联系。在 20 世纪 80 年代末，当我们开始这项充满热情的工作时，撰写有关意识的文章被视为一种认知衰退的迹象。退休的诺贝尔奖得主可以这样做，就像神秘主义者和哲学家可以这样做一样，但自然科学领域的严肃学者却不被允许这样做。对于年轻教授，尤其是那些尚未取得终身教职的人来说，如果他们对心身问题的兴趣超出了业余爱好者的程度，他们就会被认为是不明智的。意识是边缘的话题：研究生总能理解他们长辈的习惯和态度，因此当有人提起这个话题时，他们会转转眼球，狡黠地笑笑。

然而，随着时间的推移，这种态度发生了变化。在几位同事的共同努力下，包括伯尼·巴尔斯（Bernie Baars）、内德·布洛克（Ned Block）、大卫·查默斯、让－皮埃尔·尚热（Jean-Pierre Changeux）、斯坦尼斯拉斯·迪昂、杰拉尔德·埃德尔曼、史蒂文·洛雷（Steven Laureys）、杰兰特·里斯（Geraint Rees）、约翰·塞尔、沃尔夫·辛格（Wolf Singer）、朱利奥·托诺尼等人，我们共同创立了意识科学。尽管这项工作刚刚起步，但这一新科学代表了真正的范式转变和共识，即意识是科学研究的合法主题。

参与意识科学诞生的助产士是脑成像技术的意外发展。这项技术能对活动中的脑进行安全和常规的可视化操作。这项技术对流行文化产生了强烈的影响，例如脑的磁共振成像（MRI）图和图像上说明情况的热点，都受到了人们的追捧。这些图像不仅出现在杂志的封面上，也出现在T恤衫上和电影里。

觉知的生物学基础已经成为一个主流的、合法的研究主题。

在过去的25年里，我负责指导一个由20多名学生、博士后研究员以及加州理工学院的教工组成的团队，专注于相关领域的研究。在这个过程中，我与众多领域的专家进行了广泛的合作，包括物理学家、生物学家、心理学家、精神病学家、麻醉师、神经外科医生、工程师以及哲学家。为了更好地理解和探究这一领域，我参与了大量的心理测试，并主动接受了一系列严格的科学实验，包括让我的脑接受强磁场脉冲和弱电流的冲击，将我的头伸进 MRI 扫描仪观察颅骨内部的情况，以及在睡觉时记录我的脑电波。

在本书中，我将详细阐述现代研究前沿关于意识的神经生物学的故事。正如光明以黑暗的存在为前提一样，意识也以无意识的存在为前提。西格蒙德·弗洛伊德、皮埃尔·让内和其他人在 19 世纪末认识到，发生在我们头脑中的大多数事情无法进入我们的心智，即它们是无意识的。事实上，当我们反思时，我们往往会欺骗自己，因为我们只利用了我们的一小部分心智。这种欺骗就是关于自我、意志和我们心智其他方面的哲学思想 2 000 多年来毫无成果的原因。然而，正如我将描述的，无意识能深刻影响我们的行为。我还将详细讨论与自由意志相关的问题，即启动一个行动时的感受，并对物理学、心理学和神经外科如何解开这个形而上学之结进行细致的讨论。人们未曾注意到，在这些领域的发现已经解决了自由意志问题中的一个关键方面。

最后，我将阐述一个精确且量化的意识理论，该理论深入解析了为何特定类型的高度组织化的物质，特别是脑，能够产生意识。这一理论就是由神经科学家、精神病学家朱利奥·托诺尼提出的**整合信息理论**（theory of integrated information），该理论以两个基本公理为出发点，全面解读了意识现象。这个理论不是单纯的思辨哲学，它还提出了神经生物学方面的具体见解，并设计了一种意识测量仪，这种仪器能评估动物、婴儿、睡眠者、病人和其他不能谈论自己体验的人的觉知程度。这一具有深远影响力的理论与德日进（皮埃尔·泰亚尔·德·夏尔丹）的具有前瞻性的思想在一定程度上有所呼应（我将在后面进一步探讨德日进的理论）。

天文学和宇宙学的发现表明，物理定律有助于除氢、氦之外的稳定的重元素的形成。这些定律之间的协调性令人惊叹，它们要求四种基本物理力达到精确的平衡。一旦失去这种平衡，我们的宇宙将无法达到氢和氦聚集成巨大燃烧体的阶段，也就无法形成长寿的恒星，进而无法为围绕它们运行的岩质行星提供源源不断的能量。这些行星及其表面的土壤、岩石和空气等物质（如硅、氧等元素）都是在第一代恒星的核熔炉中产生的，并在这些恒星的爆炸性消亡过程中散布到周围空间。从某种意义上说，我们是由星际尘埃构成的。这个动态的宇宙受到热力学第二定律的制约：任何封闭系统的熵永远不会减少，或者说，宇宙正在朝最大的无序和均一方向发展。但这并不排除会出现一些有序的、稳定的孤岛，它们从周围的自由能海洋吸收能量。这个无情运行的定律创造了统计的确定性，在宇宙中的这样一些岛屿上，最终出现了复杂的长链分子。

一旦出现决定性的步骤，生命也就可能随之出现，这可能发生在原始地球的洞穴、池塘或其他奇异的地方。从化石记录中可以明显看出，无情的生存竞争推动了有机体的演化，导致其复杂性不断增加。随着复杂性的增加，神经系统和情识的最初迹象也随之出现。用德日进的话来说，脑的持续**复杂化**（complexification）增强了意识，直至自我意识，即反思性的觉知开始出现。这个递归过程始于数百万年前一些发展程度更高的哺乳动物，并在智人中暂时达到了顶峰。

但是复杂化进程不会随个体的自我觉知而停滞。这一进程正在进行，而且实际上还在加速。在当前这个技术复杂且相互交织的社会中，复杂化展现出一种超越个体、跨越大陆的特征。在移动电话、电子邮件和社交网络等全球即时交流工具的推动下，我预测未来某一天，数十亿人和他们的电脑将会通过一个庞大的矩阵——一个行星级的**超心智**（*Übermind*）——相互连接。如果人类能够避免热核战争或环境彻底崩溃导致的世界末日（Nightfall），那么这个极度繁盛的意识之网有可能扩展至行星际，甚至超越太阳系，进入整个银河系。

现在你知道，为什么神经心理学家马塞尔·金斯伯恩（Marcel Kinsbourne）会称我为**浪漫的还原论者**（romantic reductionist）：之所以是还原论者，是因为我在数以亿计微小的神经细胞（每个都有数以万计突触）无休止的变化活动中寻找对意识的定量解释；之所以说浪漫，是因为我坚持认为这个宇宙的意义有迹可循，我们可以从我们头顶之上的苍穹和我们的内心破译它。意义贯穿于宇宙演化的始终，但并不一定出现在这个过程中个体生物的生命里。有一张音乐专辑叫《星际漫游》（*Music of the Spheres*）[1]，如果仔细聆听，我们就能听到它的一些片段，甚至可以隐约听到它的全部形式。

本书副标题[2]表明，它是一部"自白"（confessions）之书。从圣奥古斯丁在罗马帝国晚期创造该词到现代的谈话类节目和真人实景秀，"自白"这种文体一直在演变。在这个演变过程中，总是伴随着一种自私自利和虚情假意的自我暴露，这种暴露即使不令人反感，也让人感到不适。因此，我在写作过程中刻意避免了那些腐浊的恶臭。此外，我的写作还面临一个反对引入主观和个人因素的职业禁忌。这个禁忌解释了为什么科技论文往往以干瘪的第三人称来写，例如："现已证明……"采用这种表达方式是为了避免暗示研究是由有血有肉的生物完成的，他们没有原始的动机和欲望。

在接下来的章节，我将分享与如下问题相关的我的生活经历：我为何会被激励去探索某些特定的问题，无论是自觉地还是以其他方式？我为何要采取一种特定的科学立场？毕竟，我们选择从事的工作反映了我们内心的动力和动机。

---

① 酷玩乐队发行的一张专辑。——译者注
② 英文副书名。——译者注

在过去几年里，当我的生活曲线不可避免地开始下降时，我迷失了方向。我无法控制或不愿控制的激情使我陷入了一场深刻的危机，这场危机迫使我重新审视自己的信念和内心的魔鬼。正如但丁在其《地狱》开篇中所精妙描述的那样：

> 我走过人生的一半旅程
>
> 却又步入一片幽暗的森林，
>
> 这是因为我迷失了正确的路径。

然而，在我过度涉足此类阴暗事务之前，让我简要回顾一下我早期的生活，这段生活与我的科学领域以及我对脑的看法息息相关。

第二章

　　我将叙述内心深处宗教与理性之间冲突的根源，以及我成长过程中对科学家职业的向往。同时，我也会解释佩戴卡尔库鲁斯教授领针的原因，以及如何结识一位忘年之之交。

细想你们的出身吧；

你们生来不是为了像兽类一般活着，

而是为了追求美德和知识。

我这简短的讲话激起了我的伙伴出发的渴望，

即使我随后想阻止他们也为时已晚。

清晨时分，掉转船尾，

我们以桨为翅，

作这飞一般的疯狂航行，

航向经常偏于左方。

——但丁,《地狱》(1531)

在我幸福成长的岁月里，我沉浸在知识的海洋中，痴迷于结构和秩序的魅力。我的父母为我及我的两个兄弟提供了一个自由的天主教教育环境，在这个环境中，科学——包括基于自然选择的演化——被广泛接受为对物质世界的解释。我曾是一名圣坛男孩，负责在弥撒中协助神父，用拉丁文吟诵祈祷词。我聆听过格里高利圣咏，以及奥兰多·德·拉絮斯（Orlande de Lassus）、巴赫、维瓦尔第、海顿、莫扎特、勃拉姆斯和布鲁克纳的弥撒曲、受难曲和安魂曲。在暑假期间，我们一家人参观了众多的博物馆、城堡以及巴洛克式和洛可可式教堂。我的父母和哥哥虔诚地凝视着描绘宗教意象的天花板、彩色玻璃窗、雕像和壁画，我的母亲还会大声朗读，帮助我们了解每个对象的详细历史。虽然我觉得被迫欣赏的艺术作品极其乏味，至今看到母亲书架上的三卷艺术指南仍让我感到不寒而栗，但我依然钟爱悠久的罗马祈祷文的神奇声调，沉醉于作曲家的神圣与世俗音乐的美妙。

慈母教会（Mother Church）是一个历史悠久、文化底蕴深厚的全球性机构，其存在时间长达 2 000 年，其影响力扩展至罗马和耶路撒冷。该机构以广博的知识、丰富的文化和坚定的道德为基础，为人们提供了稳定的生活框架和安心的信仰依托。我深感宗教信仰给了我巨大的心灵慰藉，因此我也积极地将这一信仰传承给我的孩子。我和我的妻子在信仰的熏陶下养育孩子，为他们施洗，进行餐前祷告，每周日参加教会活动，并带领他们完成第一次领圣餐的仪式。

然而随着时间的推移，我开始越来越排斥教会的教义。我深感自己所得的传统观念与科学世界观并不相容。我从小接受的教育，包括父母的教诲、耶稣会修士的指导以及修道院老师的培养，都向我灌输了一套独特的价值观。但我在书籍、演讲和实验室中听到的观点与我所受的教育大相径庭。这两者之间的紧张关系让我对现实产生了分裂的看法。在弥撒之外的时间，我较少思考关于罪恶、献祭、救世主以及来世的问题。我更倾向于以自然的方式理解世界、生活于其中的人，以及我自己。这两个观念体系，一个被视为神圣的，另一个则是世俗的；一个在星期日被强调，另一个则贯穿于一周中的其他日子。它们之间没有交集。通过将我的卑微生命置于上帝创世和其子基督为人类献身的宏大语境，教会为我的生活提供了意义。科学则解释了有关我身处其中的这个实际宇宙的事实，以及它是如何形成的。

存在两种不同的解释，用亚里士多德的美妙比喻来说就是：一个解释月上（supralunar）世界，一个解释月下（sublunar）世界。然而，这种区分并不是一种严肃的智识立场。因此，我必须解决这两种解释之间的冲突。这个冲突已经伴随我多年。我一直都明白，只有一种现实存在，而科学越来越擅长描述它。人类并非注定要在认识论的迷雾中永远徘徊，仅知道事物的表面却永远不了解它们的真实本质。事实上，我们能够看到一些东西；我们注视得越久，我们理解得就越好。

直到最近几年，我才成功地解决了这一内心的冲突。我逐渐失去了对人格化上帝的信仰，但毫不惋惜。我不再相信有一位神灵在时刻关注我，干预世界，并在末日审判时让我的灵魂得以复活。尽管我失去了童年时的信仰，但我从未放弃对万物都应如其所是的坚定信念。我深感宇宙具有我们能够理解的意义。

无忧无虑的童年：科学萌芽期

我的父亲曾接受过法律教育，并成功加入德国外交部，成为一名杰出的外交官。我的母亲则是一位敬业的医生，曾在一家医院工作多年。然而，为了全力支持我和我的父亲，她毅然放弃了医生的工作，全身心投入家庭和孩子的养育。

我于 1956 年出生在美国密苏里州堪萨斯城，比我哥哥迈克尔（Michael）晚出生一年。虽然现在我的口音中带有浓厚的德国腔，但人们很难察觉我实际上成长在美国中西部。在两年后，我们举家搬离，四处迁徙。我们在阿姆斯特丹居住了四年，其间我弟弟安德烈亚斯（Andreas）出生。之后，我们搬到了联邦德国的首府波恩。在完成初级公立学校教育后，我在耶稣会高级中学学习了两年。随后，我们横越大西洋，搬到了渥太华。我在一所天主教学校学习英语。然而，我们并未在此处久留，三年后我们再次搬迁至摩洛哥的首都拉巴特。在北非这个法语环境中，我进入了完全世俗的笛卡儿中学（Lycée Descartes），这可以解释我为什么一直喜欢那位独特的哲学家。尽管我身处的地方、学校和朋友不断变化，且需要掌握三种语言，但我仍然表现出色。1977年我大学毕业，成功获得了数学和科学学士学位。

我非常幸运，自小就明确了自己未来的职业目标。在孩提时代，我就怀着成为博物学家和动物园园长的梦想，渴望在塞伦盖蒂平原深入探究动物的行为习性。随着青春期的到来，我的兴趣逐渐转向物理和数学领域。我阅读了大量关于太空旅行、量子力学和宇宙学的畅销书籍，沉浸在这些引人入胜的主题之中。我喜欢相对论旅行的悖论，比如越过时间视界（time horizon）进入黑洞的奇妙现象，以及太空电梯的设想。我对乔治·伽莫夫的《汤普金斯先生身历奇境》（*Mr. Tompkins in Wonderland*）和《汤普金斯先生探索原子》（*Mr. Tompkins Explores the Atom*）这两部作品印象深刻。前者讲述了一位英雄在超现实世界中的探险故事，其中骑脚踏车就可以达到光速的情节令人叹为观止；后者则让我了解到普朗克常数在量子世界中的巨大作用——甚至让台球表现出量子行为。这些书籍对于我青少年时期的心智成长产生了深远的影响。每当我用零花钱购买一本科学书籍时，我都会迫不及待地写下自己的名字，然后沉浸在书的知识海洋中。这些书籍不仅拓宽了我的视野，也激发了我对科学的热爱和追求。

我的父母赠予我和迈克尔一套德国科乐多品牌的实验设计装置，这进一步激发了我对科学的兴趣。我亲手进行了一系列的实验；通过这些精致的实验装置，我学到了许多关于物理、化学、电子和天文的知识。其中一个装置要求我从电学的基本定律开始，然后逐步组装电磁继电器和感应电动机，最终组装成一个调幅和调频的无线电接收器。我花费了大量时间摆弄电子器件，这种亲身体验在今天的孩子们中可能很少见。另一套装制让我了解了无机化学的原理。我尝试使用新掌握的技巧配制黑火药。然而，当我试图建造一个火箭炮并使用金属杆（推进器点燃速度不够快）引导火箭时，我的父亲及时制止了我，中止了我短暂的武器设计师生涯。如果不是我父亲及时制止，这个过程可能会让我失去四肢和双眼。

父亲送给我们一款口径为 5 英寸 ① 的反射式望远镜，那是一款非凡的仪器。我还清晰记得，某个夜晚在拉巴特的我家屋顶，伴随着瓦格纳独幕剧《漂泊的荷兰人》的背景音乐，迈克尔与我精确推算出了天王星在星图中的位置。当我将望远镜指向天空中预测的方位与高度时，那颗璀璨的行星悠然映入我的视线，此情此景令人欢欣。这是对宇宙秩序多么奇妙的一次确证啊！

在北非停留期间，我对《丁丁历险记》产生了浓厚的兴趣；虽然这部作品中的主人公丁丁的正式职业是记者，但他

---

① 1 英寸约合 2.54 厘米。——译者注

的探险家、侦探和全能英雄的身份无疑更加引人注目。他的忠诚伙伴，白狐小猎犬白雪（Snowy，法语称之为 Milou），始终陪伴着他。他的朋友，狂暴的阿道克船长（Captain Haddock），常常为他提供帮助。同时，还有疯狂的科学家卡尔库鲁斯教授（Professor Calculus），虽然才华横溢但心不在焉，几近失聪，他代表着超凡脱俗的学者形象。尽管我的父母认为漫画过于幼稚或愚蠢，但《丁丁历险记》中的这些角色却让我深深着迷。我把 24 册丁丁书都给了我的孩子，他们都非常喜欢。这些书籍对他们没有产生任何明显的不良影响。甚至，丁丁的海报也被装饰在我家的走廊上。卡尔库鲁斯教授是超凡脱俗学者的典型代表，他理解将宇宙维系在一起的秘密，可是在处理日常事务时却笨手笨脚。值得一提的是，卡尔库鲁斯教授的形象对我青年时代的心智产生了深远的影响。自从 1987 年 4 月我进行教授就职演讲那天起，我一直将他的形象别在我的夹克衫翻领上。

在不同的国家成长，接受不同的教育，学习不同的语言，使我能够超越任何一种文化的特殊性和独特性，欣赏它们潜在的普遍特征。这是我离开家乡后决定成为一名物理学家的众多原因之一。

1974 年，我成功考入位于德国西南部的蒂宾根大学。蒂宾根这座小城环绕城堡而建，加上其古朴典雅的学术氛围，与著名的海德堡有着异曲同工之妙。在这所大学里，我有幸加入一个击剑兄弟会联谊团体。如果你不曾沉浸于日耳曼学术传统，那么想象一下将童子军融入一所拥有500年校史的浪漫大学，你就会明白我的意思了。在这个阶段，我开始深入了解并沉迷于酒精、社交、舞蹈、尼采和瓦格纳所带来的乐趣和潜在危险，有时甚至过度沉迷其中。在大学的第一个圣诞节，我选择远离家乡，与一位朋友隐居在一个偏僻的村庄。在此期间，我们沉浸在《查拉图斯特拉如是说》以及《特里斯坦与伊索尔德》和《尼伯龙根的指环》的歌词和曲调中。当时的我正值青春年华，尚未成熟且略显书呆子气。在这种多彩而喧嚣的生活中，我意识到自己需要进行一次自我发现的旅程。

1979年，我从蒂宾根大学顺利毕业，并获得了物理学硕士学位。在攻读学位期间，我辅修了哲学，这使我对观念论（idealism）产生了浓厚的兴趣。观念论作为一元论的一种形式，主张宇宙不过是心智的示现（manifestation）。这一理论对我日后的学术思考产生了深远的影响。

直到那时，我才渐渐认识到，我不具备成为一名世界级宇宙学家所需的数学技能。幸运的是，那时我开始沉迷于计算机。吸引我的是，它们承诺可以在我的完全控制之下创造一个自足的虚拟世界。在简化环境中，所有事件均遵循程序员设定的规则，即算法。任何偏差均可追溯至错误的推理或不完全的假设。若程序无法运行，责任不在于他人，而在于自身。初时，我使用算法语言与汇编语言为天体物理学家和核物理学家编写程序，并将编程的打孔卡提交至大学的中央计算机。

研究神经细胞的生物物理机制

我也深陷于脑作为信息处理计算机的观念之中。这种痴迷源于一部极具启发性的著作：《论脑的质地：控制论心智的神经解剖学》（ *On the Texture of Brains: Neuroanatomy for the Cybernetically Minded* ）。该书的作者，意大利籍德裔解剖学家瓦伦蒂诺·布赖滕贝格（Valentino Braitenberg），展现出独特的个人魅力。他的人生经历充分证明，一个人可以同时成为杰出的科学家、审美主义者、音乐家、美食家，并具备高尚的品质。

瓦伦蒂诺那时是位于蒂宾根的马克斯·普朗克生物控制论研究所的主任。在他的协助下，我获得了一份为意大利杰出物理学家托马索·波焦［Tomaso Poggio，昵称汤米（Tommy）］编写代码的工作。波焦教授是全球信息处理理论领域的佼佼者，他的杰出贡献在于提出了首个能够从同一场景的两个不同视角提取立体深度的函数公式。在他的悉心指导下，我顺利完成了我的学位论文——在计算机上模拟单个神经细胞上的兴奋性突触与抑制性突触的交互。

在讨论本书的主要概念之前，我想先简要解释一下神经系统的基础构成。神经系统，像其他器官一样，由大量的网状细胞组成，这些细胞中最重要的是神经元。值得注意的是，神经元种类繁多，可能多达 1 000 种以上。它们之间的主要区别在于其激发或抑制与其连接的神经元的能力。神经元是高度复杂和精细的信息处理单元，它通过突触接收、处理和传播信息，或者与其他神经细胞建立连接。每个神经元通过其树突接收输入信息，树突则是精细分叉的突起，上面布满了数千个突触。每个突触都短暂地增加或减少膜的导电性。这种电活动通过复杂的膜结合机制在树突和细胞体中转换为一个或多个全或无的脉冲，即动作电位（action potentials）或尖峰信号（spikes）。动作电位的振幅约为 1/10 伏特，持续时间不到 1/1 000 秒。这些脉冲沿着神经元的轴突传播，轴突则通过突触与其他神经元连接。某些专门的神经元还将输出信息发送到肌肉，从而形成一个闭合的循环。神经元通过突触与其他神经元进行交流，这就是意识的所在之处。

神经系统的力量不在于其组成部分蜗牛般的速度，而在于其巨大的并行通信和计算能力：它能够以非常特定的突触模式远距离连接大而高度异质的神经元集群。正如 30 年后我会证明的那样，我们的思想正是从这些模式中产生的。突触类似于晶体管。我们的神经系统可能有 1 000 万亿个突触，连接着约 860 亿个神经元。

在汤米的指导下，我成功解出了微分方程，这些方程详细描述了神经细胞周围的膜内外电荷如何受到其树突的分支模式和突触的结构的影响。如今，这样的建模已成为常规并受到尊重；但在当时，生物学家用物理学来描述脑事件的尝试却面临着巨大的挫折。在第一次全国会议上，我被安排在会议厅的后面，只能通过海报的形式向其他科学家展示我的研究成果。只有两位参观者过来，其中一位只是在寻找洗手间，他礼貌性地停下来与我交谈。那天晚上我感到困惑和沮丧，开始怀疑自己是否选择了正确的领域。然而，尽管遭遇了这些挫折，我仍然在 1982 年成功毕业，获得了生物物理学博士学位。

在我博士学习期间，我与伊迪思·赫布斯特（Edith Herbst）建立了深厚的感情，并最终结为夫妻。伊迪思是一名护士，在蒂宾根出生并成长。尽管当时她正怀着我们的儿子亚历山大（Alexander），但她仍然坚持在研究所的主机上（使用 128 千字节磁芯存储器！）为我录入论文。当我的论文导师——我们喜欢用德语称他为我的"博士爸爸"（*Doktorvater*）——成为麻省理工学院教授的时候，我们随他一同前往剑桥。在我 25 岁那年，我开始了在国外的博士后研究工作。

麻省理工学院是一个充满创造力的地方。我在心理学系和人工智能实验室度过了四年时光。在这里，我可以自由地追求科学，纯粹而简单。如此长的时间跟随同一位导师是不常见的，但这对于我的职业生涯很有益。汤米和我现在仍保持互动，这是"博士爸爸"与"儿子"之间保持长久联系的证明。

加州理工学院、教学、科研和一名物理学家眼中的脑

1986年秋，我和家人——这时候家里又添了女儿加布里埃勒（Gabriele）——又向西搬到加州理工学院，在这里我成为一名生物学和工程学的助理教授。加州理工学院位于洛杉矶的郊区帕萨迪纳，是美国最具严谨性和核心地位的理工院校之一。学校位于圣加布里埃尔山脉的山脚下，校园内宽阔的林荫道纵横交错，两侧种满了棕榈树、橘子树和橡树。能够加入加州理工学院，我深感荣幸。

加州理工学院是一所具有高度灵活性和私立性质的学府，拥有约280名教授和2 000名本科生及研究生。该校致力于培养卓越的逻辑和数学人才，并专注于自然界的研究。大学这种机构已经有800年的历史了，而加州理工学院和它的师生体现了一所大学所代表的伟大和高贵。这所学府是一

座名副其实的象牙塔，为我提供了充足的自由和资源，可以让我深入研究意识和脑的本质。

当得知我是一名教授时，人们通常首先询问："你是教什么的？"在公众的观念中，教授的身份主要与其教育者的传统角色相关联。实际上，我教授的课程范围广泛，并且我对此充满热情。在这里，我有幸与众多才华横溢、积极进取的学生互动。他们能够敏锐地指出我的错误或思想中的内在矛盾，为我提供了极高的智力挑战和情感回报。在准备讲座或回答课堂问题时，我多次获得新的洞见，从不同角度对一些老生常谈的问题进行了阐述。

然而，我的"部落"成员主要是通过他们的研究成果获得自尊和价值感的。我们在"部落"中的地位取决于我们的研究有多么成功。研究是我们前进的动力，也是我们最大的快乐源泉。衡量我们成功的标准就是看我们在具有高知名度、经过同行评审以及充满激烈竞争的科学期刊上发表文章的数量和质量。

在这种纯净的学术环境中，我们的研究成果对领域的影响力越大，我们的声望也就越高。在这个领域的集体自我形象中，教学的作用相对较小。教授将大量的时间投入研究工作，包括思考、推理、理论化、计算和编程，与同事和合作者讨论观点，阅读海量文献，为研究付出极大的努力，在研讨会和学术会议上发表演讲，为研究机构的顺畅运转提交众多的资助申请投标书。当然，我们还负责监督和指导学生和博士后研究人员进行设计、制作、测量、摇动、搅拌、成像、扫描、记录、分析、编程、调试和计算。我作为20多位此类研究者的"酋长"，深知这些工作的艰辛与重要性。

除了探讨选择性视觉注意和视觉意识这两个主题（我将在后续内容中进一步阐述），我们还将继续深入研究神经元的生物物理机制。脑是一个高度复杂的器官，但从物质角度来看，它仍然是一个遵循能量守恒和电荷守恒定律的物质系统。高斯定律和欧姆定律调节神经细胞内外的电荷分配及其相关的电场。上面描述的所有突触和尖峰信号过程都与从脑灰质提取的电位有关。当成千上万的神经元和它们的数百万突触同时活跃时，它们共同作用形成局部场电位。通过脑电仪在颅骨外记录的持续不断的神经波峰和波谷，人们可以观察到脑电活动的遥远回声。局部场电位又反过来影响各个神经元。我们现在知道，这种反馈机制会促使神经元的活动同步化。

神经元之间的局部活动与它们共同产生的全局场之间的交互，与硅电子电路的工作原理存在显著差异。在硅电子电路中，设计者会精心布置导线、晶体管和电容，以避免相互干扰，并将"寄生"串音控制在最低限度。然而，对于脑的电场及其携带的信息以及它在意识中的作用，我非常感兴趣。

对于研究脑和心智的物理学家来说，一个引人注目的事实是缺乏任何守恒定律。突触、动作电位、神经元、注意、记忆和意识在任何意义上都是不守恒的。相反，生物学和心理学所拥有的是丰富的经验观测——事实。除了达尔文基于自然选择的演化论，这里没有统一的理论；不过，演化论虽说是一个极其强大的解释框架，但它是开放的，并不能用来预测。与物理学不同，生命科学有许多启发式的、半确定的规则，它们在一个特定有机体的尺度上理解和量化现象，诸如我在我的论文中从事的生物物理建模，但并不探求普遍性。

再次面对意识的冲击

我初次与弗朗西斯·克里克相识是在我抵达加利福尼亚州之后。那是 1980 年夏天，当时他躺在蒂宾根城外一个果园的一棵苹果树下，正与汤米热切地讨论我们正在进行的树突和轴突的建模工作。这种场景让我深刻感受到，这是他最钟爱的活动。

四年后，在另一片大陆，我有幸受邀与麻省理工学院人工智能实验室的杰出计算机科学家希蒙·厄尔曼（Shimon Ullman）一同前往索尔克生物研究所进行为期五天的访问。

弗朗西斯对此次访问抱有极高的期待，他希望我们能够详述我们最近发表的关于选择性视觉注意模型的所有细节。他特别关注模型的特定布线图（wiring scheme）、参与的神经元数量、它们的平均放电频率、突触的形成数量、时间常数，以及丘脑的哪个部分进行了轴突投射。这些问题直接关系到我们的模型能否解释敏捷的行为反应。我们的讨论从早餐开始，一直持续到下午。晚餐后的休息时间，我们的谈话更多地聚焦于脑的复杂性。弗朗西斯的提问充满了深度和精确性，没有一丝一毫的闲谈时间。我为他的专注和严谨所震撼，几乎无法跟上他的思维节奏。我对弗朗西斯的妻子奥迪尔（Odile）深感敬佩，因为她能够应对这种高强度的交流几十年。

几年后，弗朗西斯和我开始合作；我们保持频繁的沟通，包括每日电话、书信以及电子邮件，并在每个月约定在他的住所——位于加州理工学院以南两小时车程的拉荷亚镇的山坡上——进行深入的交流。我们的工作重点在于意识研究。尽管好多代的哲学家和学者一直努力解决心身问题，但我们坚信，神经科学的新视角可能会为我们解开这个"戈尔迪之结"（Gordian knot）提供关键的突破。弗朗西斯作为一位理论家，他的研究方法主要包括安静的深思（他每日会阅读和吸收大量相关文献）以及苏格拉底式的对话。他对细节、数字和事实具有高度的追求，会不断提出假设并对它们进行解释，但随后往往会否定其中的大多数假设。清晨时分，他常常会用一些大胆的新假设来激发我的思考，这些想法往往来自他深夜无法入眠时的思考。我则习惯于保持稳定的睡眠，因此很少能在深夜产生类似的洞见。

在我的教学、工作和与全球杰出人才辩论的过程中，我遇到了许多才华横溢并取得杰出成就的人，但真正的天才却鲜有出现。弗朗西斯是我见过的最具智慧和卓越智力的人之一。他与他人一样接收相同的信息，阅读相同的文献，但总能提出全新的观点或推理。我们的共同好友，神经病学家兼科普作家奥利弗·萨克斯回忆与弗朗西斯的交往时表示："坐在他的旁边就像坐在一个智力核反应堆旁。……我从未有过如此炽烈的感受。"据说，阿诺德·施瓦辛格，在他作为"宇宙先生"的全盛时期，在别人甚至没有肌肉的地方都有肌肉。当将这句"妙语"转用于理性心智时，我想它也适用于弗朗西斯。

值得一提的是，弗朗西斯表现出了极度的平易近人。他并未展现出任何名人特有的姿态。和詹姆斯·沃森一样，我从未观察到弗朗西斯有过谦卑的态度，同时也没见过他傲慢的样子。他愿意与任何人对话，无论是微不足道的本科学生还是诺贝尔奖得主，只要对话者能够给他提供感兴趣的事实、观察结果、令他惊讶的建议或是他从未考虑过的问题。的确，对于那些无休止的废话或无法理解自己推论错误的人，他可能会很快失去耐心，但他是我所知的最开明的学者之一。

显然，弗朗西斯是一个坚定的还原论者。他坚决反对任何包含微弱宗教色彩或思维混乱的解释，这是他经常使用的表述方式。然而，无论是我的形而上的情识，还是我们之间40岁的年龄差距，都无法阻挡我们建立起深厚且持久的师生情谊。他总是能抓住机会，与充满活力、具备特定领域知识、热爱思考、有时敢于激烈反对他的年轻人进行观点的讨论。我非常幸运，他喜欢我、接纳我，并最终让我成为他智识的传承者。

现在，让我来定义意识问题并描述弗朗西斯和我探求意识本质的进路。

——

第三章

——

　　我将探讨以下问题：意识如何对科学世界观构成挑战？如何对意识进行严谨的经验实证研究？动物为什么与人类一样具有意识？自我意识为什么并非如许多人所认为的那样重要？

演化是如何将生物组织之水变成意识之酒的呢？

——柯林·麦金（Colin McGinn）

《神秘的火焰》（*The Mysterious Flame*, 1999）

如果没有意识，一切将不复存在。只有通过自己的主观体验、思想和记忆，你才能感知身体以及周围的世界，包括山、人、树、狗、星辰和音乐。意识使人们能够运动、行走、看、听、爱、恨、回忆过往和构想未来。但最终，你只能凭借意识的所有示现才能与这个世界照面。而当意识终止时，世界也就终止了。

许多传统观念认为人类有心智（或心灵）、身体以及超验灵魂。其他人支持心身二元性而拒绝这种三分法。古埃及人和希伯来人认为心灵位于心脏，玛雅人却认为位于肝脏。现在，我们现代人知道有意识的心智是脑的产物。要理解意识，我们必须理解脑。

然而，我们面临着一个明显的难题。一个令人费解的事情是，脑如何将生物电活动转化为主观状态，或者具体地说，光子如何被水反射从而神奇地转化为山中小湖波光粼粼的知觉印象。神经系统与意识之间关系的本质仍然难以捉摸，并且一直是人们持续关注和热议的话题。

17 世纪的法国物理学家、数学家和哲学家笛卡儿在他的《方法论》中，深入探讨了寻求最终确定性的问题。笛卡儿的推理过程是，任何事物都值得怀疑，包括外部世界是否存在或个体是否拥有身体等；然而，"他正在体验某事"这一点是确定的，即使他正在体验的事物的清晰特征可能源于妄想。因此，笛卡儿得出结论：因为他是有意识的，所以他存在，即 "*Je pense, donc je suis*"（我思，故我在），后来被翻译为 "*cogito, ergo sum*" 或 "I think, therefore I am"。这个命题清楚说明了意识的根本重要性：这并不是一种当你在山顶跏趺而坐，同时注视你的肚脐，轻哼着"唵"时才经历的罕见情形。除非你处于深睡或昏迷之中，否则你总是意识到某物。意识是你生活的核心事实。

这种基于有意识的体验者的单一视角被称为**第一人称视角**（first-person perspective）。然而，对于组织精微的物质机体如何拥有某个内在视角的问题，科学方法在解释时显得畏缩不前，尽管科学方法在其他领域取得了硕果累累的成就。

请考虑美国宇航局（NASA）的宇宙背景探测器（COBE）

所进行的测量。1994年，COBE拍摄到一张椭圆形的、蓝绿色的天空中有些黄色和红色的斑点的照片，成为头条新闻。这些暖色表示宇宙背景辐射温度的细微变化，宇宙背景辐射则是产生现有宇宙的大爆炸所留下的残迹。宇宙学家可以根据大爆炸的空间本身的回声来推测早期宇宙的形状。COBE收集的数据证实了他们的预测；也就是说，天文学可以对发生在137亿年前的事件做出可检测的论断。然而，像牙疼这样发生在此时此地的平常之事，却让人困惑不解。

哺乳动物受精卵的分子程序如何将其转化为构成完整个体的数万亿细胞，包括肝脏、肌肉、心脏和其他组织，至今仍未得到生物学家的详细解释。然而，无须怀疑的是，完成这一壮举的必要工具就在我们眼前。2010年，在科学家和企业家克莱格·文特尔领导下，分子工程师取得了创造新物种的里程碑式成就。他们测序了一个细菌基因组（一段长度为100万个字符的DNA），添加了识别水印，人工合成了构成该基因组的基因（利用构成DNA分子的四种化学物质），并将它们组装为一列。接着，将这一列植入已剔除自身DNA的供体细菌的细胞体内。这个人工基因组成功地操控了受体细胞的蛋白质制造装置，使得被称为 *JCVI-syn1.0*（丝状支原体合成衍生物）的新有机体开始一代接一代地复制。尽管创造一个新的细菌种类并不是制造一个"有生命的泥人"（golem），但这绝对是一个令人惊叹的举动、一个历史的转折点。以这种方式培育出简单的多细胞植物和动物并不存在任何理论障碍，存在的只是巨大的实践障碍。然而，这些实践障碍最终将被克服。古代炼金术师的梦想——在实验室中创造生命——已经触手可及。

2009年，我参加了位于加利福尼亚州山景城的谷歌公司总部举办的"科学富"（SciFoo）营。在这个活动中，数百位电脑专家、技术专家、科学家、太空爱好者、记者和计算机网络精英在周末齐聚一堂，进行即兴讨论和交流。在讨论中，人工智能的未来成为热门话题。虽然有些人认为对真正人工智能的探索，如达到6岁孩童水平的人工智能，已被放弃，但大多数人认为，挑战并最终超越人类智能的软件构思将会出现。尽管计算机科学家和程序员还需要花费数十年时间来取得人类程度的智能，但在原则上，实现这一点并没有任何困难。在"科学富"营中，人们对于如何实现这一目标存在争议，如同在如何解决学习问题、人工智能对社会的影响等方面存在争议一样。然而，没有人质疑人们可以实现这个目标。尽管如此，对意识的理解却完全不同。就理解意识的物理基础的可能性而言，没有达成任何共识。爱尔兰物理学家约翰·丁达尔（他曾解释过天为什么是蓝色的，他还指出水汽和二氧化碳是地球大气层中最主要的两大吸热的温室气体）早在1868年就明确指出了将意识与脑相关联所面临的困难：

人们很难想象，从脑的物理学到相应的意识事实的跨越是力学的结果。假定一个明确的想法与脑中一个确定的分子活动同时发生；我们并不拥有智力器官，显然也不拥有这种智力器官的任何雏形，使我们能够从一种现象推理出另一种现象。它们一起出现，但我们不知道为什么。即使我们的心智和感官得到极大扩展、增强和启发以至于我们能够看到和感受到真正的脑分子，即使我们能够跟踪所有分子的运动、所有分子的聚集以及所有分子的放电（如果确实这样的话），即使我们非常熟悉思想和感受的相应状态，我们也无法解决这个问题，即："这些物理过程如何与意识事实联结在一起？"从智力上来看，这两种现象之间的鸿沟是无法逾越的。例如，假设爱的意识与脑分子的右旋运动相关，恨的意识与脑分子的左旋运动相关。那么我们应该知道，当我们爱时，分子运动在一个方向上；当我们恨时，分子运动在另一个方向上。但是这个"为什么"的问题仍然像以前一样没有得到解答。

这个问题也就是查默斯所谓的"难问题"。

神经科学家使用显微镜和磁扫描设备详细观测神经系统，绘制出神经系统物理布局的详细图。他们使用五彩缤纷的颜色对神经元进行着色，并在猴子或人注视图片或玩视频游戏时，通过倾听脑中神经元的微弱活动的声音，进一步了解神经系统的运作。**光遗传学**（optogenetics）是近年来出现的一种技术手段，具有巨大的潜力。通过使用特定的病毒感染动物脑深处的特定神经细胞群，神经元就能生长出一种仅对特定波长的光做出反应的光感应器。这些神经元可以被短暂的蓝光脉冲激活，而被同样短暂的黄光脉冲抑制。这就像在弹奏脑的光器官（the light organ of the brain）一样！光遗传学的非凡之处在于，它能够使研究者在紧密交织的脑网络内的任何一点上进行精确调节。这使得从观测到操作、从相关到因果的研究成为可能。具有独一无二基因条码的任何神经元集群都能以无与伦比的精度被抑制或被激活。在后续章节，我将继续探讨这项极具前景的技术。

所有这些探测和扰动神经系统的技术都来自**第三人称视角**（third-person perspective）。但是神经组织是如何获得一个内在的第一人称视角的呢？为了解答这一问题，让我们回顾一下莱布尼茨提出的**单子论**（monadology）。莱布尼茨是德国的一位杰出的数学家、科学家和哲学家，被誉为"最后一位百科全书式的人物"；他不仅创立了微积分，还发明了现代的二进制算术系统。1714 年，莱布尼茨在他的著作《单子论》中这样写道：

> 此外，我们必须认识到，知觉及其相关的概念无

法仅通过机械原因（即图形和运动）来解释。假设我们设计并制造了一台具备思维、感受和知觉功能的机器，我们可以想象一下，将这台机器按比例放大，大到我们能够进入其内部，就像进入磨坊一样。在这种情况下，当我们对其进行观察时，所能看到的仅仅是相互作用的机器部件，而无法发现任何可用以解释知觉的东西。

许多学者认为，脑的机械作用与它显现出的意识之间的鸿沟是不可逾越的。如果意识仍然无法解释，那么科学的解释领域显然比其从业者所愿意相信的和宣传者所宣扬的更加有限。无法以一个定量的、经验实证上可理解的框架来解释情识，这是让科学感到汗颜的事情。

我无法接受这种失败主义的观点。尽管解构主义者、"批判型"学者和社会学家的影响力逐渐扩大，但科学仍然是人类理解现实最可靠、最进步和最客观的方法。虽然科学并非万无一失，它也受到大量错误结论、挫折、欺诈、从业者间的权力斗争以及其他人类弱点的困扰，但在理解、预测和处理现实方面，科学仍然比其他可选方法更优越。由于科学擅长理解我们周围的世界，它也将有助于我们解释我们的内在世界。

对于我们内在心智世界的存在及其组成元素的理解，学者们仍存在诸多困惑。意识的持续神秘性使得一些人感到厌烦，也使得我的许多同事认为意识是令人讨厌的问题。然而，对意识的还原论解释的抵触却让许多公众感到欣慰。他们贬低理性和那些遵循理性的人，因为对意识的完整解释威胁到他们所持有的关于灵魂、人类例外论（exceptionalism）、有机组织高于无机组织的根深蒂固的信仰。陀思妥耶夫斯基的"宗教大法官"（Grand Inquisitor）深刻地理解了这种思想形式："只有这三种力量能够征服并永远俘虏这些无能的叛逆者的良心，使他们获得幸福——这些力量是奇迹、神秘和权威。"

感受质和自然世界

在此，我需向大家阐述感受质（qualia）这一概念，这是心智哲学家所热衷探讨的领域。Qualia 是 quale 的复数形式，意指拥有某种特定体验时的感受。具体而言，当我们体验到诸如火红的日落、鲜红的旗帜、动脉血、雕琢过的红宝石、荷马的酒暗海（wine-dark sea）等不同知觉印象时，我们都能感受到红色的特质。这些主观状态的共同点都是"红"，而感受质正是构成任何一种意识体验的原生的感受。

有些感受质是基本的——黄色、突然袭来的无法忍受的背下部肌肉的疼痛，或者"似曾相识"（*déjà vu*）的熟悉感。其他体验则是多种感受质的混合，例如与我的狗相依时闻到的气味和感受到的舒适，或是当我突然领悟到某个问题时的"啊哈！"时刻，以及当我第一次听到以下不朽的台词时被完全惊呆的清晰记忆："我已看到尔等不相信的事实。激昂的战舰在猎户星座的肩头出发。我凝望着黑暗中'唐怀瑟之门'（Tannhäuser Gate）附近的万丈光芒。所有的那些瞬间都将迷失在时间里，像雨中的泪水。死期将至。"拥有一种体验意味着拥有与之相关的感受质，这些感受质能够明确地标识出该体验并使其与其他体验区分开来。

我相信，感受质是自然界的属性。它们并不存在一个神圣的或超自然的起源。相反，它们是我想要揭示的未知规律所导致的结果。

这个信念引发了一系列重要问题：感受质是物质本身的基本特征，还是仅在高度复杂的系统中出现？换言之，基本粒子是否拥有感受质？还是说，只有脑才拥有感受质？单细胞细菌是否会体验到某种形式的原意识（proto-consciousness）？蠕虫或苍蝇呢？是否存在感受质发生所必需的最低神经元数量？还是说，神经元之间的连接更为重要？由硅晶体管和铜线组成的计算机能否拥有意识？仿生人会像菲利普·迪克所夸张询问的那样，梦见电子羊吗？我的苹果机是否会享受其天生的优雅？反之，我的会计师的非苹果机是否会因其厚重且笨拙的外观和软件而遭受痛苦？拥有数亿节点的互联网有情识吗？

我无须从头开始我的研究。我们有关于意识和感受质的大量事实。重要的是，我们知道，感受质出现在一些高度网络化的生物构造中，包括具备敏锐观察力的中枢神经系统，例如人类的中枢神经系统。因此，人脑必然成为探索意识的物理基础的起点。

然而，并非所有生物性的、适应性的复杂系统都具备意识的资格。例如，你的免疫系统并未显示出任何意识迹象。它日复一日地默默工作，负责识别和消除各种病原体。当前，你身体的防御系统可能正在与病毒感染进行斗争，而你本人却并未觉知到这一点。免疫系统会记住这个入侵者，如果同样的病毒再次入侵，它会产生抗体，使你终生免疫。然而，这种记忆并非有意识的记忆。

相同的情状还包括你肠道内侧所拥有的 1 亿个神经元，它们以纵横交错的方式排列，构成了所谓的肠道神经系统，有时也被誉为"第二脑"。这些神经元在胃肠道内默默地进行着营养吸收和废物清理的工作。有些工作内容可能并不为人们所愿知悉。然而，在某些情况下，肠道系统的功能可能会出现紊乱——例如在关键的工作面试之前，你可能会感到胃部不适，或者在大量进食后，感到恶心。这些信息会通过迷走神经传递至大脑皮层，进而产生紧张或沉重的感觉。需要注意的是，你的"第二脑"并不会直接产生意识。

可能你的免疫系统和肠道神经系统确实有它们自己的意识。由于肠道神经系统与中枢神经系统之间的交流有限，你那位于颅骨"顶楼"的心智并不知道肠道的任何感受。你的身体可能有几个自主的心智，但它们始终是隔离的，就像月亮的黑暗面一样遥远。眼下并不能排除这种可能性；然而，鉴于肠道神经系统有限的、刻板的行为，它似乎完全听命于脑，没有独立的体验能力。

理解感受质如何产生，是解决心身问题的首要步骤。接下来，我们需要深入理解特定感受质的独特感受方式。例如，红色为什么以与蓝色截然不同的方式被感受？色彩并不是抽象或任意的符号，而是表征**有意义**的事物。当询问人们橙色是位于红色与黄色之间，还是蓝色与紫色之间时，正常视力者都会选择前者。这表明存在一种与色彩感受质对应的先天组织。事实上，色彩可以按照环形方式排列，形成一个色轮；这种排列与其他感觉不同，例如深度感或音调感，它们呈线性排列。这是由于颜色知觉印象具有某些共性，使得它们与其他知觉印象，如运动或嗅觉玫瑰的气味有所区别。为什么？

我寻求的是一种基于物理原则解答此类问题的方式，即设法观测脑实际的布线图，并从其回路推断脑能够体验的感觉。我关注的不仅仅是意识状态的存在，还包括其详细的特征。或许有人认为，这个任务超出了科学的范畴。然而，事实并非如此。诗人、词曲作者和安保人员常常感叹无法了解他人的心智。尽管从外部观察可能确实如此，但如果我能够进入某人的整个脑，探究其所有元素，那么情况就会有所不同。通过正确的数学框架，我应该能够精确地描述出他正在体验的内容。无论人们是否喜欢，至少在原则上，真正的读心（mind reading）是可能的。我将在第五章和第九章进一步讨论这一观点。

意识的功能是什么？

另一个长期未解的问题是：我们为何会有体验？如果缺乏意识，我们是否就无法生活、繁衍后代以及抚养子女？这种所谓僵尸式存在，与我们所知的所有自然法则并不冲突。然而，从某个特定的主观视角来看，我们可能会觉得整个生命仿佛是一场梦游，或者像电影《活死人之夜》中的不死食尸鬼一样；在这样的状态下，既无知识，也无自我（ego），甚至感觉不到存在。

我们心智体验的内部"屏幕"所附带的生存价值是什么？意识的功能是什么？感受质的功能又是什么？

当我们认识到日常生活中的各种活动，如系鞋带、打字、驾车、打网球、步行在岩石小道上、跳华尔兹等，实际上在我们的意识范围之外进行时，这个谜团就变得更加深奥了。这些行动往往以自动驾驶的方式进行，很少或根本没有有意识的内省。实际上，这些任务的执行非常流畅，我们**无须**专注于每一个细节。考虑到学习这些技能需要意识，训练的关键是做到不再需要反复思考它们；我们信任我们身体的智慧并让它来接管。正如耐克的广告宣传词所说，你"只管去做"（just do it）。

弗朗西斯·克里克和我提出，每个人的内心都存在一支由简单的**僵尸行动者**（zombie agents）组成的军团。这些行动者专门负责处理程式化的任务，而这些任务可以在无须有意识监控的情况下自动操作和执行。你将在第六章详细了解这些行动者。由于存在这种无意识的行为，我们有必要重新审视意识的益处。难道脑仅仅由一群专业的僵尸行动者组成，它们能够轻松、快速地工作，因此意识是多余的吗？

生活中有时会出现一些突发情况，因此需要我们慎重考虑并做出决策。例如，当上班的路线出现交通堵塞时，我们需要思考并选择其他路线。在这个过程中，弗朗西斯和我认为，意识对于计划制定非常重要。在面对众多选择时，我们需要深思熟虑并决定未来的行动方向。因此，我们需要对所有相关事项进行总结并提交给心智的决策平台，以便做出最佳决策。

这一观点并不意味着所有与计划相关的脑活动都会为意

识所感知。事实上，无意识过程也可能参与计划，但相对于有意识的过程，其速度可能较慢，且对未来的预见性可能较为模糊。与人工系统（例如家庭电路）不同，生物系统具有多种备选方案；因此，即使某个加工模块出现故障，系统也不会完全失效。弗朗西斯和我推测，意识能够使我们比无意识的行动者制定更灵活且更深入未来的计划。

众所周知，解答功能问题极具挑战性：为何人类拥有两只眼睛，而非蜘蛛所拥有的八只？阑尾的功能又是什么？仅凭一般性的描述，比如眼睛用于探测远处的猎物和捕食者，难以严谨地解释在演化过程中，为何会出现某一特定的身体特征和行为。

一些学者否认意识具有因果效应。他们承认意识的实在性，但认为主观感受不具有实际功能，就像存在之海上的泡沫，对现实世界没有产生任何影响。这种观念的专业术语是**副现象**（epiphenomenon）。例如，心脏跳动时产生的声音是一种副现象，它有助于心脏病专家诊断病人，但对身体本身没有直接影响。托马斯·赫胥黎，一位自然主义者和达尔文的捍卫者，也持有这种观点。他在 1884 年写道：

> 野兽的意识似乎与其身体机制紧密相关，可以被看作身体活动的附属产物；它完全没有改变身体活动方式的任何能力，正如机车蒸汽机运行时发出的汽笛

声对机器的运行部分没有任何影响一样。

我发现这一观点令人难以置信（尽管目前我们尚未找到有效的反驳依据）。意识中似乎充斥着各种有意义的知觉印象，以及一些有时会变得如此强烈以至于令人难以承受的记忆。在人的一生中，神经活动与意识之间始终保持着稳固且一致的联系。如果这种持续一生的关联对有机体的生存没有产生任何影响，那么演化过程为什么会偏爱这种关联呢？脑是选择过程的产物，这个过程经过了无数次反复的选择；如果感受质没有任何功能，它们就不可能在这个严酷的审查过程中存活下来。

当对意识功能的玄想激发哲学家、心理学家和工程师的想象力时，对其物质基础的实证探索正在以惊人的速度推进。科学回答的是"如何？"这一机制问题，而不是最终的"为什么？"问题。相较专注于脑的哪些部分对于意识具有重要意义的研究路径，沉迷于意识功用的研究路径的效果并不显著。

定义意识的困难

在一次我关于动物意识的演讲结束后，一位女士走过来，断然地说道："你绝不可能让我相信猴子有意识！"对此，我回应道："你也绝不可能使我相信你有意识。"她对我的反应感到惊讶，但随后表现出理解的态度。她认识到，如果人们无法完全感受到一只猴子、一只狗或一只鸟的感受，那么同样的情况也适用于人类，差别只是程度上的不同。以秘密特工、善骗的情人或专业演员为例，他们能够通过伪装给人以信任、关爱或友善的感受。因此，我们永远无法绝对信任任何人的感受。尽管我们可以观察他们的眼睛、分析他们的话语，但最终我们仍无法通过观察来真正了解他们的内心世界。

要准确界定爵士乐的构成元素，是出了名的困难。因此，有谚语云："人啊，如果你试图去定义，那么你永远不会真正了解。"这句话同样适用于对意识的探讨。如果不借助其他感受、感受质或情识的状态，我们很难解释有意识的感受。这一难题在很多关于意识的循环定义中得到了体现。例如，《牛津英语词典》（*Oxford English Dictionary*）将意识定义为"保持健康和清醒生活的正常条件"。这就像尝试向一个天生失明的人解释颜色的概念。如果不参照其他红色物体，我们就无法定义红色的知觉印象。而且，一个物体的颜色不同于其形状、重量或气味，归根结底，它的颜色只与其他颜色存在可比性。

在寻求定义之前，我们应首先追求深入理解。过早地要求严谨性会引发强求一致的毛病，这可能会阻碍进步。如果认为我之前的表述过于模糊，那么请尝试定义"基因"。基因仅为稳定的遗传单位吗？它必须编码单一的酶吗？对于结构基因和调节基因，我们应如何理解？一个基因是否等同于核酸的连续片段？那么，内含子（introns）、剪接和转译后编辑的角色是什么呢？或者，我们可以尝试一个更简单的例子，即定义"行星"。在我成长的过程中，我们知道有九颗行星。然而，几年前，我的加州理工学院的同事迈克尔·布朗（Michael Brown）带领团队发现了阋神星，这是一个位于太阳系远端的行星。阋神星有自己的卫星，并且比冥王星还要大。由于它也是一群所谓的穿越海王星的天体之一，这使得天文学家开始感到困惑。这是否意味着未来会有无数新的行星呢？为了避免这种情况，他们重新定义了什么是行星，并将冥王星降级为矮行星或小行星。如果天文学家开始观测绕二元恒星系统轨道运行的行星，或者观测那些没有伴星照亮它们天空的漫步于太空的孤星，那么他们可能不得不再次改变对行星的定义。

在科学研究中，有个习惯性错误是：通常首先对所研究的现象进行严格的定义，然后通过实验和观测揭示支配该现象的原理。然而，历史上科学的进步并不是以精确的公理化表述取得的。科学家们通常采用可变的、临时的定义，以便能够获得更好的知识。这种工作定义（working definition）可以引导讨论和实验，并允许不同的研究共同体进行互动，从而推动科学的进步。

本着这一精神，我提供四个关于意识的定义，这些定义各自揭示了意识的不同方面。就像佛教中盲人摸象的故事，每个人都描述了大象的不同部分，每个定义都抓住了意识的一个重要方面，但都无法全面描绘出意识的面貌。

常识定义（commonsense definition）将意识等同于我们内在的心智生活。当我们清晨醒来时，意识就会启动，并持续一整个白天，直到我们进入无梦睡眠状态。即使在做梦时，意识也是存在的。然而，在深睡、麻醉和昏迷的情况下，意识会被暂时搁置。而当个体死亡时，意识会永久消逝。正如《传道书》所言："活着的人，知道必死。死了的人，毫无所知。"这句话准确地描述了意识的存在与消逝的规律。

行为定义（behavioral definition）将意识理解为一系列的行动或行为——任何能做到其中一项或多项的有机体都被认定具有意识。在急诊室，医务人员通常使用格拉斯哥昏迷量表（GCS）来快速评估头部受损的严重程度。该量表通过给患者标出一个数字，来反映他们控制眼睛、四肢和声音的能力。综合评分 3 表示昏迷，而 15 表示患者完全有意识。中间值则对应于部分受损，例如："在回答提问时，他是糊涂的、辨不清方向的，但能避开带来痛苦的刺激。"然而，这种标准虽然在处理儿童或成人时是合理的，但在面对无法要求其做出行为的有机体，如婴儿、狗、老鼠甚至苍蝇时，其合理性就可能受到挑战。

进一步的难题在于区分程式化的、自动的反射行为与需要意识的更复杂行为（我将在第六章深入探讨这类僵尸行为）。在实践中，如果主体的行为举止以一种有目的、非常规的方式反复出现，且这种方式涉及信息的短暂滞留，那么就可以认为该主体是有意识的。例如，如果我对一个婴儿做鬼脸并伸舌头，婴儿随即模仿我的动作，那么可以合理地认为婴儿至少对其周围事物有一些基本的觉知。同样，如果一个病人被要求向左、向右、向上和向下移动眼睛，他照做了，那么也可以认为他是清醒的。然而，这些任务必须是受测物种的手、爪、肉垫、脚蹼或口鼻适合完成的任务。

意识的**神经定义**（neuronal definition）要求明确指出产生任何有意识感觉所需的最基本的生理机能组织。临床医生知道，脑干受损会导致意识显著降低甚至完全丧失，引发植物状态。另外，任何有意识感觉的产生还必须依赖于**皮层－丘脑复合体**（cortico-thalamic complex）的正常活跃与功能。该复合体的核心部分包括新皮层和与之紧密关联的皮层下的丘脑。新皮层是大脑皮层的最新部分，其神经元的皱褶层构成了众所周知的灰质。新皮层占据了前脑的大部分，是哺乳动物的一个独特标志。丘脑是位于脑中部的鹌鹑蛋大小的结构体，负责调节对新皮层的所有输入，并从中接收大量反馈。大脑皮层的几乎每个区域都接收来自丘脑一个特定区域的输入信息，并将信息输出给它。与皮层－丘脑二元组共同构成复合体的其他结构包括海马体、杏仁核、基底核和屏状核。意识科学的大多数进展发生在神经领域，我将在第四章和第五章进一步深入探讨相关细节。

如果前三个定义未能准确把握问题的核心，那么建议咨询一位哲学家。他将为你提供第四个定义："意识即对某物像是什么的感受。"只有拥有特定体验的有机体才能了解这种体验的感受像是什么。这种"从内在视角出发的感受像是什么"（what-it-feels-like-from-within）揭示了现象觉知最为关键且不可替代的特征——体验某个事物、任何事物。

这些定义并不具有根本性意义。它们均无法明晰地确定，若一个系统具备意识，那么它必须满足哪些必要条件。然而，就实践目的而言，行为和神经定义显得最为实用。

论动物的意识

为了回答这些具有挑战性的问题，同时避免陷入无关紧要的争议和激烈辩论，我必须做出一些在当前阶段尚未充分验证的假设。这些假设可能会随着时间和证据的变化而进行调整，甚至有可能在未来被完全推翻。

作为论述的起点，我假设意识的物理基础与神经元及其组成部分之间的特定交互存在密切关联。尽管意识与物理学的定律是相容的，但仅凭这些定律来预测或理解意识是不可行的。

我进一步假设，许多动物，尤其是哺乳动物，展现出某些意识特征，包括视觉、听觉、嗅觉以及以不同方式体验世界的能力。当然，每个物种都拥有与其生态位（ecological niche）相匹配的独特感觉中枢（sensorium）。然而，它们都具备体验事物的能力。如果我们不这样认为，那就过于自以为是，并且公然违背了动物与人类之间在结构和行为上的连续性。生物学家通过区分人类与非人类动物来强调这种连续性。我们都是自然的孩子。使我对此深信不疑的原因有三个。

第一，许多哺乳动物的行为模式存在相似之处，尽管具体表现可能有所不同。以我的狗为例，当它尖叫、哀号、咬它的爪子、一瘸一拐，然后向我走来寻求帮助时，我能够推断它处于疼痛之中。这种推断不仅基于它的行为表现，也与我自身在类似情境下的反应相呼应。从生理学的角度也可证实这一推断：狗与人一样，在疼痛状态下会有心率和血压升高的应激反应，同时血液中也会释放应激激素。动物不仅与我们一样有生理上的疼痛，也有心理上的痛苦。例如，当动物遭受故意虐待，或者年长的宠物与其幼崽或人类同伴分离时，痛苦就会显现。我并不是说狗的痛苦与人的痛苦完全相同，而是强调狗与其他动物一样，不仅会对有害刺激做出反应，也会有意识地体验疼痛。

第二，哺乳动物神经系统的结构具有相似性。这需要专业的神经解剖学家对取自小鼠、猴子和人的豌豆大小的大脑皮层进行区分。尽管我们的脑相对较大，但其他生物如大象、海豚和鲸鱼的脑更大。在基因组、突触、细胞以及连接水平，小鼠、猴子与人类之间不存在质的差异。在物种内部，受体和调节疼痛的通道具有相似性。经过一段长时间的越野跑后，我给我的狗服用了与它的体型相匹配的止痛药剂量，它便不再跛行。因此，我认为狗也感受到了与人类相似的疼痛。

尽管在多个方面存在显著的相似性，但在硬件水平仍存在各种量的差异。这些量的差异的共同作用，使得智人作为一个物种，能够构建一个覆盖全球的互联网，制定核战争计划，甚至"等待戈多"[1]，这些都是其他动物无法企及的壮举。然而，到目前为止，尚未发现存在质的差异。

第三，现存的哺乳动物之间存在密切的亲缘关系。大约在 6 500 万年前，尤卡坦半岛上发生的小行星撞击事件导致了恐龙的灭绝。在恐龙灭绝之后，有胎盘的哺乳动物逐渐演

---

[1] 出自爱尔兰剧作家塞缪尔·贝克特创作的荒诞派戏剧《等待戈多》。此处喻指人类生活的无意义循环。——译者注

化为我们今天所看到的各种形式。据研究，早在600万年前，类人猿、黑猩猩和大猩猩与人类就拥有共同的祖先。智人作为演化连续谱的一部分，作为具有高度情识的独特有机体，并不是凭空出现的。

意识可能存在于**所有**多细胞动物中。渡鸦、乌鸦、喜鹊、鹦鹉等鸟类，金枪鱼、慈鲷等鱼类，鱿鱼以及蜜蜂等动物，它们都能完成复杂的任务，这可能表明它们具有某种程度的觉知。同时，这些动物也能表现出疼痛和欢乐的感受，这进一步支持了它们具有意识的可能性。不同物种之间的意识状态存在差异，包括分化程度、编织程度和复杂程度。同一物种成员之间的意识也可能存在差异。它们的意识与它们的感官和生态位密切相关，或者说，它们都有自己独特的觉知内容。

意识状态的"剧目单"必然会以某种方式随着有机体神经系统复杂性的减小而减少。在生物实验室中，最常见的两个物种是秀丽隐杆线虫和果蝇。对于它们是否拥有任何意识状态，现在还很难确定。如果对意识所需的神经架构没有一种合理的理解，我们就无法知晓在动物王国是否存在一条能将有情识的生物与毫无感受的生物分离开的"卢比孔河"①。

---

① "卢比孔河"（Rubicon）是西方文化中极具象征意义的地理概念，源自罗马共和国时期的历史事件，其核心寓意是"破釜沉舟"。这里喻指在生物谱系上，是否存在不可逆转的意识界限。——译者注

论自我的意识

当询问人们对于意识明确特征的看法时，大多数人会指出自我觉知的重要性。意识到自己的存在、关注自己孩子的健康状况、思考自己感到沮丧的原因，以及理解他人为什么会引起自己的嫉妒，这些都是自我觉知的具体表现。

小孩子对自己行动的理解是相对有限的。对于未满18个月的婴儿，他们可能无法辨认出镜子中的影像就是自己。行为心理学家采用**镜像测试**（mirror test）作为衡量自我辨认的黄金标准。在测试中，研究人员会在婴儿的额头和脸上轻轻标记一个斑点或某种颜色。当婴儿面对熟悉的镜子时，他们可能会与镜中的影像互动，但并不会试图擦掉或移除标记。与10多岁的孩子不同，他们不会长时间占据卫生间，并在镜子前过度关注自己的外貌。除了人类，许多物种，如类人猿、海豚、大象和喜鹊等都能通过经过适当调整的镜像测试。例如，猴子可能会露出牙齿或以其他方式与它们的倒影互动，但它们并未认识到"那个影像对应于我的身体"。这并不意味着它们没有自我感（sense of self），但至少它们缺乏对自己身体的视觉表征，而这些视觉表征可用于与镜中的外部影像进行比较。

在动物王国中，大多数生物缺乏自我觉知；一些学者据此推断，它们是无意识的。根据这一标准，只有人类才真正具有意识，甚至婴儿也不具备。

在众多观察结果中，有一个观察结果表明这个结论是不合理的。当你真正介入这个世界时，你仅仅模糊地觉知到自己。当我登山、攀爬悬崖和沙塔时，我对此感受最为强烈。在高高的峭壁上，我感到生命处于最紧张的状态。在一些特定的时刻，我可能会体验到所谓的**心流**（flow）状态，这是由心理学家米哈里·契克森米哈赖提出的概念。在这种状态下，我能够强烈地感知到周围的事物，包括手指下花岗岩的纹理、吹拂头发的风、照在后背的阳光等，同时与下方的最后一名同行者保持一定的距离。这种状态与流畅的身体运动相互促进，其中感觉与行动似乎融为一体。此时，我的全部注意力都集中于当前的任务，时间的流逝变得缓慢，自我感消失。那个内心的声音，那个总是提醒我个人缺点的内在批评者也会暂时沉默。"心流"是一种狂喜的状态，与佛教徒进入深度禅定的心智形式有关。

作家兼登山家乔恩·科拉考尔在其作品《艾格尔峰之梦》（*Eiger Dreams*）中，以精准而生动的笔触描述道：

> 随着时间的推移，你的注意力逐渐集中，直至完全忽略发炎的关节、紧压的大腿，以及因持续保

持专注而产生的紧绷感。一种类似于恍惚的状态取代了你的努力，使得攀登成为一种清醒的梦境。日复一日的存在所带来的罪责和内心的喧嚣，所有这一切暂时被抛诸脑后。在你的纷繁复杂的思绪中，只有一个无法抗拒的清晰目的以及当前这个严肃的任务。

自我觉知的缺失不仅出现在登山过程中，也出现在做爱、激烈的争论、疯狂的舞蹈或摩托车比赛的过程中。在这些情形中，你就处在此时此地。你与世界相融，不再觉知到自己的存在。

拉斐尔·马拉克（Rafael Malach）在以色列魏茨曼科学研究所进行了一项实验。他向志愿者支付报酬，并要求他们躺在脑成像装置的狭小范围内观看《黄金三镖客》。尽管这种观影体验与常规有所不同，但志愿者仍然发现了这部经典意大利式西部片的魅力。通过分析他们的脑模式，拉斐尔发现，与内省、高水平认知、计划和评价相关的脑区相对抑制，而涉及感觉、情绪和记忆过程的区域则相当活跃。此外，通过脑扫描仪追踪，拉斐尔还发现，皮层血流量的增减在众多志愿者中是相同的。这两种观测结果表明，意大利的天才导演塞尔乔·莱昂内精于掌控他的观众，他能够让观众看到、感受和回想他想要他们看到、感受和回想的东西。这也是我们喜欢看电影的原因之一，因为电影使我们能够从过于活跃的自我意识以及日常担忧、焦虑、恐惧和怀疑中摆脱出来。在这几小时内，我们摆脱了那个颅骨大小的王国的专横。我们能够清晰地意识到故事中的事件，但只是略微觉知到我们自己的内部状态。有时这是一件极好的事情。

确实，大脑皮层前部广泛退行的人可能会出现认知、执行、情绪和计划方面的缺陷，且他们往往对自己糟糕的状况浑然不知。然而，值得注意的是，他们的知觉能力通常得以保留。他们能够看、听和闻，并能感受到知觉印象。

自我意识作为意识的重要组成部分，是一种特殊的觉知形式。它不专注于外部世界，而是专注于内部状态，对内部状态进行反思，并进一步对反思进行再反思。这种递归性质使其成为一种极为强大的思维模式。

计算机科学家侯世达（道格拉斯·理查·郝夫斯台特）推测，自我意识的中心存在一个矛盾且自指的**怪圈**（strange loop），这个怪圈与埃舍尔那幅著名的《手画手》（*Drawing Hands*）非常相似。对于这一观点，我持怀疑态度。在我看来，心智很难实现超出"我正在思考我自己的思考"的自指活动或递归活动。然而，如果确实存在这样的怪圈，那么它应该是意识本身的一部分。确切地说，自我意识是在演化层面对更早的身体和疼痛意识的适应。

人类具备一种非凡的特性，即语言。真正的人类语言具有表征、操纵和传播任意符号和概念的能力。正是由于这种能力，人类得以创造出诸如大教堂、慢食运动、广义相对论以及《大师与玛格丽特》等众多成就。这些成就超出了我们动物朋友的范畴。在文明生活中，语言在大多数方面占据首要地位。哲学家、语言学家和其他学者普遍认为，没有语言就不可能有意识；因此，只有人类才能真正地感受和内省。

我无法赞同这一观点。我们不能因为某些动物不善于表达或者早产儿的脑部结构尚未发育完全，就否认它们拥有意识。同样，我们也不能忽视严重失语症患者在恢复后能够清晰描述他们曾经无法用言语表达的体验。然而，许多知识分子由于长期的内省习惯，往往低估了生命中许多无反思、无言语的特征，并将语言提升到至高无上的地位。毕竟，语言是他们主要的研究工具。

那么，情绪如何呢？有机体对愤怒、恐惧、厌恶、惊讶、悲伤或兴奋的感受是否必须是有意识的？尽管这些强烈的感受对于我们的生存至关重要，但目前并没有确凿的证据表明它们对于意识是必要的。无论你是愤怒还是喜悦，你仍然都会看到在你面前燃烧的蜡烛，并且当你把手指伸进火焰时，你会感到疼痛。

由于严重的抑郁或大脑前额叶的损伤，一些人情感贫乏，行动能力受损，判断能力不健全。对于头部受伤的战场老兵来说，他能够冷漠地回忆起发生在他悍马车下的地雷爆炸并因此失去双腿的事件。尽管他似乎完全冷漠、超然且对自身状况毫无兴趣，但他无疑正在体验某些事情，哪怕只是因为受伤而感到极度不适。情绪对于和谐和成功的生活至关重要，但对于意识并不是必不可少的。

我们已经完成了清扫工作，为进入解决心身问题的真正战场做好了准备。正如我提到的患者所提醒的，脑在其中的中心地位不容忽视。神经科学教科书虽然详细描述了脑的运作机制，但却往往忽视了作为器官所有者的感受。为了弥补这一明显的疏忽，我将尝试将体验主体的内部观点与脑科学家的外部视角相结合，以期更全面地理解心身问题。

———

第四章

———

　　你将聆听到科学家与魔法师所讲述的那些你曾目睹但未曾觉察的奇妙故事。他们将带你领略如何通过窥视你的颅骨来追寻意识之踪迹，揭示为何你虽用眼却未曾看见，并阐述注意与意识之间的差异。

"材料！材料！材料！"他不耐烦地喊道，"没有黏土，我做不出砖头！"

——夏洛克·福尔摩斯

柯南道尔《桐山毛榉案》

（*The Adventure of the Copper Beeches*, 1892）

　　人们普遍认为，当涉及核物理或肾透析等领域时，专业知识是至关重要的。但当话题转向意识时，似乎每个人都可以发表自己的观点，即使缺乏相关事实依据，他们也认为自己有权表达自己喜爱的理论。然而，这种观点与真理相去甚远。

　　实际上，我们已经积累了大量关于脑和心智的心理学、神经生物学和医学的知识。全世界有超过 5 万名脑和认知科学家在这个领域辛勤工作，他们的工作每年为这个巨大知识库增加数以千计的新研究。

　　不过，请放心，我不会武断地对这些材料发表任何意见。相反，我将聚焦于几个来自实验室的小插曲，这些插曲展示了意识根源探索的现代特征。

在脑中发现意识

在 20 世纪的最后十年，因为厌倦了无休止的、好辩论的形而上学争论——意识真的存在吗？它独立于物理定律吗？心智状态的意向性是如何产生的？在哲学家颇为随意发明的很多"主义"中，哪种最能描述心与身之间的关系？——一些刚毅无畏的科学探险家开始在脑中寻找意识的踪迹。这种"我能做到"的态度带来了重大的概念进步，人们开始将意识视为特定脑机制的产物。

在 20 世纪 90 年代初期，弗朗西斯·克里克和我致力于研究我们所称的意识的**神经（或神经元）相关物**（NCC）。我们将神经相关物定义为构成意识的最基本神经机制，即这些机制共同作用，对于任何特定的有意识知觉印象都是必要的和充分的。（在此定义中，我们并未涉及在机器或软件中创造意识的可能性；这是我在此暂时不予讨论，但后续会进一步探讨的问题。）

想象一下，你正看着一个遗留在沙漠中的红色立方体，而一只蝴蝶在其表面振翅。你的心智在瞬间对该立方体有了全面的理解。这种理解之所以得以实现，是因为脑激活了负责表征颜色的特定神经元，并将这些神经元与负责编码深度知觉印象的神经元，以及负责编码立方体线条方向的神经元相互关联。这种神经元的最小集合，就是产生对该奇特对象的有意识知觉的神经相关物。

我们非常强调"最小"（minimal）这一概念的重要性。这是因为，如果没有这种限定，那么脑的每一个部分都可能被视为与意识相关：毕竟，脑日复一日都在产生意识。然而，弗朗西斯和我追求一个更为宏大的目标，那就是明确引发意识的特定突触、神经元和回路。作为严谨的科学家，我们更为谨慎地采用了意识的"相关物"（correlates）这一概念，而没有使用更为明确的"原因"（causes）概念。

相较其他区域，脑的某些部分与意识内容的关联更为紧密且至关重要。脑不像一幅全息图，因为在全息图中每一事物对图像的贡献都是均等的。总之，脑的某些区域增加一点和受到损伤，并不会造成现象体验的缺失，但其他某些区域对于意识则至关重要。

在有意识地观察时，脊髓对"看"这个活动是必需的吗？对于偏瘫和四肢瘫痪的患者，受损脊髓以下的身体部位会失去感觉和控制能力；然而，他们仍然能够清晰地感知周围的世界，并像正常人一样过着充实而有意义的生活。以"超人"的扮演者克里斯托弗·里夫为例，他因一次骑马事故导致颈部以下瘫痪。然而，他不仅创建了一个医学基金会，还成为干细胞研究和其他康复技术的有力倡导者。这些研究和技术有望帮助像他这样的四肢瘫痪患者重新获得运动能力。

大脑皮层下的小脑（位于头后部）又如何呢？把小脑称为"小"有点讽刺意味，因为它实际上拥有高达690亿个神经细胞，这一数量是大名鼎鼎的大脑皮层的神经细胞数量的4倍多。如果小脑受到中风或肿瘤的侵袭，个体的平衡性和协调性会受到严重影响，具体表现为步态笨拙，站得很开，拖拽着双脚走路，眼睛飘忽不定地转动，讲话口齿不清。原本流畅而精细的运动现在变得笨拙，需要个体付出有意识的努力。此外，弹钢琴或打网球等技能将变得遥不可及。然而，值得注意的是，个体的知觉和记忆并没有受到太大影响。其听觉、视觉、触觉和味觉仍保持正常。

我们可以比较一下脊髓或小脑损伤与大脑皮层或海马体损伤的后果，例如某个过程导致上述部位的外围组织受损。如果大脑皮层或海马体受损，根据损伤发生的位置，你可能会丧失记忆，甚至忘记孩子的名字；色彩可能会从你的世界中消失；或者，你可能无法辨认熟悉的面孔。基于这些（将在下一章做更详细的描述）临床观察，科学家得出结论：大脑皮层及其附属部分的离散区域中的生物电活动对意识体验的内容具有至关重要的影响。

关于脑的哪些区域对于意识而言不可或缺的问题，一直存在广泛的争议。南加州大学的神经科学家安东尼奥·达马西奥认为，大脑皮层背面的顶叶部分是必要的。然而，也有学者指出前脑岛、上颞叶多感觉区以及脑的其他区域也可能与意识有关。在时机成熟时，我们需要制定一份包含所有对意识**既必要又充分**的脑区的列表，但目前这个目标仍遥不可及。

确定脑中产生意识的关键部位仅仅是研究的起点。仅仅指出谋杀嫌疑人居住在东北某处并不足以解决问题。我们需要深入探究那些对于调节特定体验至关重要的脑区、回路、细胞类型以及突触。弗朗西斯和我提出，意识的神经相关物的一个关键成分是位于大脑皮层后面的高阶感觉区与位于大脑皮层前面的前额皮层的计划和决策区之间长程、互惠的连接。我将在后续的讨论中进一步阐述这一观点。

每一种现象性的、主观的状态都是由脑中特定的物理机制引发的。例如，当你看到照片上或现实生活中的祖母时，脑中存在一个与之相关的回路；同样，在山顶上听到风穿过松林的飒飒声音时，脑中存在另一个与之相关的回路；当骑着自行车在城市中穿梭时，存在与那种急速行进相关的第三个回路。

在这些不同感受质的神经相关物中，共性的东西是什么？它们是否共享相同的回路模体（circuit motifs）？或者，它们是否都包含位于 X 区的神经元？此外，所有三种感觉是否都受到前额皮层中活跃的锥形神经元的调节？这些神经元是否将它们的输出线曲折地折返到相关感觉区？最后，调节现象内容的神经元是否以一种有节奏的、高度协调的方式被激活？这是我和弗朗西斯考虑过的一些想法。

无论对哪个与意识体验相关的神经结构造成干扰，知觉印象都会发生改变。尽管脑，尤其是在幼年期，具有一定的自我修复能力，能够在数周内对有限的损伤进行弥补，但若神经细胞被损毁或抑制，知觉印象将会消失。

在神经外科领域，人工诱导意识的神经相关物触发相关的知觉印象是一种常见的操作。外科医生会将电极放置在脑表面，并通过该电极传输电流。根据刺激的位置和强度，这种外部刺激能够引发一段凄美的回忆、一首多年前听过的歌曲的旋律、一种想要移动某个肢体的感觉或运动的感觉。

电影《黑客帝国》借由"构造体的边缘"（edge of the construct）探讨了这种可能的局限。在通过插孔连接到尼奥（Neo）后脑和脊髓的电子有机连接的帮助下，机器通过刺激适当的意识神经相关物，在尼奥的头脑中创造了一个完全虚构的健康世界。然而，只有当尼奥拔掉刺激器的插头时，他才会清醒地认识到自己正生活在一个由昆虫般的机器人培育人类的笼子中，这些机器人从人类身体中获取能量。

每晚在脑这个神秘的世界中，你都会经历一些幻觉。在睡眠中，你会经历生动且有时带有痛苦情绪的体验，尽管大多数这些体验你醒来后无法回忆。你的眼睛虽然闭上了，但你那正在做梦的脑仍在构建自己的现实世界。除了罕见的"清明梦"（lucid dream），你通常无法区分梦境意识与清醒意识之间的差异。在梦境持续时，梦境似乎是真实的。你对生活还有什么要说的吗？

具有讽刺意味的是，当我们认为自己在梦中行动时，实际上我们的身体几乎处于瘫痪状态。这是因为脑为了保护身体免受梦中激烈行动的伤害，抑制了身体的运动。这种瘫痪状态表明，行为对于意识而言并不是真正必需的。即使在大部分输入和输出被中断的情况下，成人的脑也能够产生体验。这种想法与哲学家的"缸中之脑"（brain in a vat）观念相似，并在现代电影《黑客帝国》中得到了体现。因此，这种观念是可信的。

追踪并解析与意识相关的神经回路，进而揭示其神经相关物，已成为当代众多研究领域的焦点，尤其是在视觉研究方面更是如此。

一览无余的隐藏物

几年前，在纽约，我有幸与一位经验丰富的"窃贼"阿波罗·罗宾斯（Apollo Robbins）共度了数日。在拉斯维加斯，他是一位专业的魔术师，擅长各种常见的舞台戏法和魔术。然而，当他坐在我旁边的咖啡馆里时，他的表演却更加引人注目——在这个环境中，没有烟雾、聚光灯、穿着比基尼的助手和音乐等通常用于分散观众注意力的手段。他凭空变出硬币，向我抛出突然消失的纸球，甚至偷走了我的手表——这一切都发生在我仔细观察他的每一个动作的过程中。作为一名视知觉专家，我自认为对这类表演有一定的了解。然而，阿波罗的表演给我留下了深刻的印象。他从我儿子那里拿了一张卡片并贴在额头上。虽然卡片清晰可见，但我儿子却感到困惑，因为他一直盯着魔术师的手，却不知道卡片去了哪里。

在与阿波罗以及类似他的人相处时，我深刻理解到魔术师非常擅长操纵他们的观众。他们能够转移观众的注意力和期望，从而掩盖或误导他们的行为。阿波罗就具备这种能力，他能够把你的视线或注意力引导到他的左手，从而使你无法察觉他右手的动作，即使你正在注视着他的右手也是如此。

你所关注的空间焦点被称为**注意的聚光灯**（spotlight of attention）。在这一聚光灯下，被照射到的事物会得到优先处理，从而被更迅速地识别，且错误率较低。然而，正如光线照射的地方会产生阴影一样，未被注意到的对象或事件往往不会被感知到。

让我们从繁华的曼哈顿咖啡馆，转移到 MRI 扫描仪的封闭空间。这个大型的扫描仪重达数吨，内部空间狭窄且嘈杂。你躺在狭窄的圆筒内，尽量保持静止，甚至不能眨眼，因为任何微小的动作都可能对扫描结果产生影响。你通过一面镜子注视着计算机显示屏上显示的红桃 A 扑克牌，同时，机器正在检测你脑中的血流情况。神经科学家并不擅长使用花招，因此他们通过精确计时投射第二幅图像到你的眼睛，来操控你所看到的东西。如果一切顺利，这种误导作用将与魔术师的误导一样出色——你将无法看到红桃 A。第二个图像掩盖了第一个图像，使你无法看到纸牌。你虽然看了，但实际上却没有看到，这与尤吉·贝拉（Yogi Berra）的名言"见多识广"（You can observe a lot by watching）相反。

在当时，我的研究生土谷尚嗣（Naotsugu Tsuchiya）对这项技术进行了完善，并称之为**连续闪动抑制**（continuous flash suppression）。其工作原理是，在向一只眼睛投射扑克牌图像的同时，连续向另一只眼睛闪烁大量色彩鲜艳的重叠矩形，这种闪烁的效果类似于荷兰画家蒙德里安的画作。当你眨眼时，红桃 A 是可见的；但如果你保持双眼睁开，纸牌就会连续几分钟被隐藏起来，为不断变化的彩色矩形所掩盖，从而分散了你的注意力。

这类强有力的掩蔽技术是视觉研究不断发展的重要推动

力之一。通过运用该技术，我们能够更轻松地实现某些视觉效果的呈现，同时也能更方便地操控人们的感知。相较其他感觉，视觉的掩蔽效果更为显著，更容易实现欺骗。然而，嗅觉和你是谁等一类的其他感觉则更为强健，不易被操控。例如，我无法使你混淆玫瑰的香味与斯提尔顿蓝纹奶酪的香味，也无法使你相信此刻你是英国女王，下一刻是麦当娜。

在进行实验时，为了确保结果的准确性和可靠性，需要确保实验条件的一致性。因此，除了感兴趣的变量，其他所有因素都应该保持固定不变。只有这样，才能对整个系统的行动进行有效的比较和分析，从而分离出差异。神经科学家使用磁扫描仪，将你看到红桃 A 时的脑活动与你看不到红桃 A（被掩蔽）时的脑活动进行比较。这种差异分析的方法有助于分离出与看到纸牌相关的独特活动，从而更好地追踪意识的足迹。

红桃 A 的图像通过刺激眼睛的视网膜神经节细胞，引发一系列的神经电活动，这些活动通过视神经传送到脑本身。这些视网膜神经节细胞以突发性的动作电位对红桃 A 的图像做出反应，这是一种短暂的、全或无的脉冲模式，已在第二章详细描述。眼睛的输出并不依赖于眼球的所有者是否有意识，只要眼睑张开，视神经就会忠实地发出信号，并将其传递给大脑皮层的下游结构。这一系列活动最终使得大脑皮层中处于活跃状态的神经元形成稳定的联合体，从而产生关于红桃 A 的有意识的知觉印象。第八章将详细讨论这一过程是如何发生的。

然而，当遇到另一只眼睛受到持续变化的颜色矩形的刺激所产生的更强峰值波的竞争时，这些峰值波就会在视神经中不断涌现，导致无法形成任何联合体。这些峰值波各自触发自己的神经联合体，最终导致观察者看到的是闪烁的彩色表面，而红桃 A 在此期间仍然是不可见的。

为了更好地理解接下来的实验，我需要详细解释 MRI 的基本原理。MRI 扫描仪通过产生强大的磁场，通常为地球磁场的 100 000 倍，来对物体进行成像。某些元素（包括氢）的原子核，在强磁场中会表现出类似小型磁铁棒的行为。当人体进入扫描仪的磁场时，身体内的氢原子核会与磁场对齐。人体一半以上的重量由水组成，而水由两个氢原子和一个氧原子组成，因此氢原子在人体中广泛存在。在 MRI 扫描过程中，扫描仪将发送一个短暂的电脉冲到被扫描的区域，这会使原子核暂时离开其原有的排列。当原子核恢复到其原始状态时，它们会发出衰减的电波信号。这些信号被接收并转换成数字影像。这种影像可以揭示软组织的结构，例如脑部的灰质和白质之间的界线。相较 X 射线，MRI 具有更高的敏感性。它使医学发生了革命性的变化，从肿瘤到外伤等各种组织损伤，都可以在病人几乎没有风险的情况下进行定位和诊断。

磁共振成像（MRI）可显示器官的内部结构，功能性磁共振成像（fMRI）则依靠血液供应的变化来间接揭示脑区的活动情况。在神经元和突触活跃时，它们会消耗能量，因此需要更多的氧气供应。氧气由红细胞中的血红蛋白分子传递，当这些分子释放氧气到周围组织时，它们会改变颜色并使磁场产生轻微的变化。神经组织的活动会增加新鲜血液的数量和流量，这种血液供应的变化被称为血流动力学信号。通过向颅骨内发送电波并侦听回波，可以追踪血流动力学信号的变化。需要注意的是，fMRI 并不直接测量突触和神经元的活动，因为这些活动的发生非常迅速，以毫秒计。相反，它使用了一个相对缓慢的代理——血液供应的变化——其增减以秒计。fMRI 的空间分辨率被限定在一个豌豆大小的体素（voxel）内，其中大约包含 100 万个神经细胞。

那么，脑是如何对心智未察觉的事物产生反应的呢？

值得注意的是，未被直接观测到的图像信息可以在大脑皮层中留下痕迹。初级视觉皮层（V1）能够处理许多无意识的信息加工过程。来自眼睛的视觉信息最终会汇聚到初级视觉皮层并得到处理。该区域位于头部背面凸起的上方，是脑中第一个负责评估图像信息的新皮层区域。除了初级视觉皮层，大脑皮层的其他部分也会对被抑制的图像产生反应，特别是高阶视觉区的串联部分（V2、V3 等），这些区域从初级视觉皮层和杏仁核延伸出来。杏仁核是一个杏仁大小的结构，主要负责处理与恐惧或愤怒面孔相关的情绪刺激。

通常来说，脑的视觉区距离视网膜越远，意识对其的影响就越显著。当预期、偏见和记忆在高阶脑区发挥更大作用时，外部世界的影响会相应减弱。在皮层"梯形"的上部，主观心智表现最为强烈，这是它的主要活动区域。

这表明，并非所有皮层活动都能对意识感觉产生充分的影响。如果上级神经元没有对这个活动进行反射，那么即使初级视觉皮层中的 100 万个神经元在强烈放电，其高涨的活动也可能不会引发一次体验。这些因素并不足够。或许这个活动必须超过某个阈值？或许皮层背面的一组特定神经元必须与额叶神经元进行互惠对话？或许这些神经细胞必须以协调一致的方式共同发放动作电位？我怀疑，只有满足所有这三个条件，信息才能被有意识地感知到。这一结论引发了一场关于视觉加工层级中早期神经元在何种程度上对产生有意识的知觉印象负责的激烈讨论。

明尼苏达大学的何生和他的团队做了一个值得注意的实验。在实验中，实验者让志愿者一只眼睛看着一个裸男或裸女的图片，同时不断地向其另一只眼睛闪烁彩色矩形，致使他看不见裸体。尽管如此，细致的检验仍然表明，不曾被看见的裸女图片还是吸引了男异性恋者的注意，而裸男图片却令他们厌恶。然而，这一切都发生在意识的雷达之外。志愿者没有看到裸体，但仍然注意到了。相反，女异性恋者——

以及男同性恋者的注意则被不曾看见的裸男图片吸引。在功能上，这是有意义的，因为你的脑需要了解潜在伴侣。这个实验结果也肯定了"欲望本质上是无意识的"这个普遍的、老生常谈的看法。

并非所有的神经元都参与意识活动

1995 年，弗朗西斯和我在国际顶级期刊《自然》上发表了一篇题为《我们能觉知到初级视觉皮层的神经活动吗？》（Are we aware of neural activity in primary visual cortex?）的论文。（文章出现在《自然》杂志上，就像纽约或巴黎的顶级画廊展出你的美术作品一样，意义重大。）在论文中，我们通过实验和数据分析，对所提出的设问给出了否定答案。我们发现，视知觉印象的神经相关物在初级视觉皮层中并未被发现。这一结论是基于我们对猕猴的神经解剖学研究所得出的。

猴子与人类都属于灵长目。科学研究表明，我们与猴子的最近共同祖先生活在 2 400 万年至 2 800 万年前。猴子的视觉系统与人类相似，这使得它们能够很好地适应圈养的生活，并且易于训练。此外，猴子并不是濒临灭绝的生物，因此是科学家研究高阶知觉和认知的理想选择。由于伦理原因，人脑不适合侵入式探测；因此，我们对猴脑回路的了解远胜于人脑。

锥体神经元在大脑皮层中扮演着重要的角色，可以说是皮层的"劳模"。在 5 个皮层神经元中，大约有 4 个是锥体神经元。这些神经元是唯一能够将信息从一个区域传递到皮层内外其他区域的神经元，包括丘脑、基底神经节或脊髓等。在初级视觉皮层中，锥体细胞将信息发送到其他区域，如 V2 区和 V3 区。然而，这些锥体细胞并不能将信息自始至终地传递到脑的前部。相反，前额皮层，尤其是其背外侧区，是高阶智能（如问题解决、推理和决策）产生的主要区域。如果前额皮层的背外侧区受到损伤，虽然个体的感觉模态（sensory modalities）和记忆功能不会受到明显影响，但其做出合理决策的能力将会受到影响；在这种情况下，他可能会做出并坚持做出极不恰当的行为。

在上一章，我曾提到弗朗西斯和我的预感，即意识的主要功能是计划。据观察，部分或全部前额皮层受损的患者在进行短期或长期计划时将面临困难。因此，我们推断意识的神经相关物必须包括前额皮层内的神经元。由于初级视觉皮层内的神经元不会将轴突传送至如此远的区域，我们可以得出结论：初级视觉皮层内的神经元并非视觉意识不可或缺的一部分。

我们的建议与通常的认知相反，因为在大部分情况下，初级视觉皮层内的神经元生物电活动确实会对个体所看到的事物产生反应。就目前而言，当你阅读这些文字时，相应的笔画会激活视网膜神经元，然后这些神经元将信息传递到初级视觉皮层。在那里，信息被进一步传递到皮层的**视觉词形区**（visual word form area）。你能够看到这些文字这一点似乎与我们的假设——初级视觉皮层内神经元的活动与有意识知觉相关——相矛盾。视网膜神经元也是如此——它们的活动可以反映你所看到的东西。

尽管视网膜和初级视觉皮层内的细胞反应在某些情况下与视觉意识具有相似的属性，但在其他条件下，它们的反应存在显著的差异。以下是画家已经知晓了几个世纪的三个例子，旨在说明为什么我们无法仅通过眼睛看到某些东西。

首先，在你阅读以下文字时，请注意到你眼睛的不停运动。你每秒会进行几次快速的眼球运动，这被称为扫视（saccades）。尽管你的视觉系统在持续工作，但你所看到的页面似乎是稳定的。这可能会让你感到惊讶。当你向右扫视时，世界似乎应该向左移动，但实际上并没有。想象一下，如果你以相同的速度移动摄像机拍摄这本书，观看这样的视频会让你感到不适。为了解决这个问题，电视摄像机在拍摄时会缓慢移动镜头，这与你被图像的突出特征吸引时眼球快速移动的方式完全不同。如果视网膜神经元是传递静止世界知觉印象的细胞，它们必须对外部世界的运动发出特定信号，但不会对细胞本身所居其中的眼球的运动做出反应。然而，视网膜神经细胞，像那些初级视觉皮层内的细胞一样，无法区分物体的运动与眼球的运动。它们对两者都做出反应。与智能手机不同，它们没有附属于它们的加速计或 GPS 传感器来区分外部的图像运动与内部的眼球运动。正是视觉皮层高级区的神经元产生了有关世界是静止的知觉。

其次，请注意视网膜上被称为**盲点**（blind spot）的"洞"；这是视神经离开视网膜的位置，因为由轴突组成的神经纤维取代了感光细胞，所以在该盲点上无法捕捉到任何射入的光子。即使你意识到了视网膜细胞的信息内容，在该盲点上你也无法辨认出任何东西，就像你无法看到视觉场左极和右极的边界一样。与你在手机相机中发现一些坏像素时的反应不同，你可能对照片中的黑点感到非常恼火，但你完全察觉不到眼睛中的"洞"，因为大脑皮层细胞会主动填补来自边缘的信息，以弥补信息的缺失。

作为第三个证据，请回想一下，你梦中的世界是丰富多彩、生动逼真的。由于你在黑暗中睡觉，闭着眼睛，眼睛里的神经细胞就不会发送关于外部世界的任何信号。因此，皮层–丘脑复合体成了梦的现象内容的来源。

视网膜神经元状态与有意识看到的事物之间存在多种分离的情况，而上述三个证据仅揭示了其中的三种情况。在成为意识的神经相关物之前，涌向视神经的众多动作电位所携带的数据已经得到了深入的处理和整合。有时，完全不需要视网膜信息，例如当你闭上双眼回想你儿时的好伙伴小熊维尼，或者当你梦到它的时候就是如此。

对于初级视觉皮层细胞直接作用于视知觉的观点，也存在类似的反对意见。在实验中，通过使用微弱电极记录猕猴脑的动作电位，当动物被麻醉后，实验者会在其颅骨上打一个小孔，然后将微电极插入其灰质，并与放大器连接。由于神经组织本身没有疼痛感受器，因此电极被放置在适当的位置并不会引起不适。（类似地，医生有时会将电极植入患者的脑中以减轻各种疾病的症状，如帕金森病中的颤动。）通过提取神经细胞发出的微弱电脉冲，这些信号可以通过扬声器播放。在神经系统的嘶嘶声背景下，可以清晰地听到峰值断断续续的声音。这类录音证实，初级视觉皮层神经元对猴子眼睛的运动和图像的运动均做出了反应。当猴子的眼睛移动时，这些神经元就会引发一致的声音，发出变化的信号。然而，正如之前所讨论的，当你移动你的眼睛时，你的世界看上去是稳定的。

初级视觉皮层内的血流动力学活动通常能够反映个体所看到的内容。然而，在某些情况下，血流动力学活动可能会出现异常的不连贯现象。伦敦大学学院的约翰-迪伦·海恩斯（John-Dylan Haynes）和杰兰特·里斯（Geraint Rees）在一项实验中，短暂地向志愿者呈现左倾或右倾的条纹，这些条纹在被观察者看到时是掩蔽的，因此观察者无法说出它们的朝向。他们所看到的只是一个由两个斜线组成的格子。然而，对初级视觉皮层的血流动力学反应的分析表明，该区域在左边缘与右边缘之间存在区分。这意味着初级视觉皮层能够感知到不可见条纹的方向，但该信息无法传递到脑的高级区域，诸如 V2 区，这与我们的假设一致。

初级视觉皮层是大约 36 个其他大脑皮层区域的入口，这些区域主要负责处理视觉信息。尽管初级视觉皮层处于重要的战略位置，但令人惊讶的是，它并非所有形式的视知觉所**必需**。通过对处于睡眠中的志愿者进行脑影像研究（考虑到扫描仪的紧凑空间和嘈杂声音，这一过程并不容易实现），我们发现初级视觉皮层的活动在快速眼动（REM）睡眠阶段明显减少，而大多数梦境正是在这一时期出现的。相比之下，在非快速眼动睡眠时期，梦境的出现相对较少。此外，那些初级视觉皮层受损的病人在做梦时，并未出现任何视觉内容的缺失。

其他初级感觉皮层，即最初接收联合感觉数据流的皮层，也不会对意识产生调节作用。在嘈杂的噪声或痛苦的电击作用下，被诊断为植物人的大范围脑损伤患者不会产生任何有意义的反应（我将在下一章详细地讨论这些患者）。这些患者的皮层扫描结果表明，只有他们的初级听觉和体感皮层区才会对这些强刺激显示出有意义的活动。这些观测结果告诉我们，仅仅孤立的活动在输入节点内是不充分的，还需要更多的条件才能对意识产生影响。

新皮层高级区的神经元与意识紧密相关

掩蔽和连续的闪烁抑制并非视觉心理学家用于向脑传递有效负荷的唯一隐身技术。另一种技术是**双眼竞争**（binocular rivalry）。在双眼竞争中，当向你的左眼展示一张小图片，例如一张脸，并向你的右眼展示另一张图片，例如光线从中心盘向外放射的旗帜时，你可能会认为你会看到脸与旗帜重叠。然而，在适当的条件下，你所感知到的将是交替出现的人脸或旗帜。这是因为你的脑不会允许你在同一时间和同一地点看到两个事物。

首先，你会看到一张清晰生动的脸庞，其中不会出现旗帜的图案。随后，几秒钟后，一面旗帜会在你视域的某个位置出现，并清除原先在那个位置上的脸庞图案。旗帜图案从最初的一小点开始扩散，直到脸部特征完全消失，仅留下旗帜的图像。接着，眼睛开始闪烁，几秒钟后，旗帜和脸部混合的影像会自行分解成一个完整的人脸。随后，旗帜的知觉印象再次占据优势。这个过程会反复进行，两个图像在意识中不断交替出现。然而，当你闭上一只眼睛时，这个舞蹈就会停止。此时，你将能够立即解决所有的模糊和不确定性，感知到仅呈现给那只睁开的眼睛的图像。

神经生理学家尼科斯·洛戈塞蒂斯（Nikos Logothetis）和他在马克斯·普朗克研究所的同事们对猴子进行了训练，以研究双眼竞争中的知觉印象。在实验中，人类志愿者因参与实验而获得经济回报，通常为现金。口渴的猴子则以苹果汁作为奖励。经过数月的训练，猴子们学会了看到脸时拉一个杠杆，看到旗帜时拉第二个杠杆，看到其他图像时则同时释放两个杠杆。实验发现，优势时长（每次看旗帜或脸的时长）的分布规律，以及当图像对比度改变时，猴子的判断结果随之变化的规律——这些证据无可争议地表明，猴子和人类在这方面的体验本质上是相似的。

洛戈塞蒂斯在猴子脑皮层中放置了细金属线，并让动物进行双眼竞争测试。在初级视觉皮层及其附近区域，他发现只有少量神经元微弱地调节它们的反应以与猴子的知觉印象保持一致。大多数神经元的放电与动物看到的图像无关。当猴子发出一个知觉印象的信号时，初级视觉皮层内的大量神经元对其没有看到的抑制图像做出强烈反应。这一结果与弗朗西斯和我的假设一致，即初级视觉皮层是意识不可通达的。

在高级视觉区，**颞下皮层**的情况表现出独有的特性。该区域的神经细胞仅对猴子观察并报告的图像做出反应。这意味着，这些神经细胞并不会对不可见的图像产生反应。只有在动物明确表示它看到的是脸庞图案时，这些神经元才可能引发动作电位。当猴子拉动另一个杠杆，表示它现在看到的是旗帜时，细胞的放电活动会大幅度降低，有时甚至为零，即使在几秒钟前激发细胞的面孔图像仍显现在视网膜上时也是如此。细胞活动的消长时期与动物的知觉报告之间的同步协调表明，神经元与意识内容之间存在一种强有力的联系。

正如我前面提到的，弗朗西斯和我关于意识神经相关物的假设主要聚焦于大脑皮层高级感觉区（就视觉而言，即颞下皮层）的神经元与它们在前额皮层内的目标之间建立的直接回路。如果前额叶神经元与它们的轴突往回延伸至颞下皮层，那么反响反馈回路（reverberatory feedback loop）就能建立并维持自身。然后，峰值活动就会扩散到与工作记忆、计划以及（人类）语言基础相关的区域。从整体上看，这一神经元联合体可以介导对面孔及其一些附带属性（如表情、性别、年龄等）的感知。如果存在一个代表旗帜的竞争回路，它就会抑制脸部回路的活动，而意识内容就会从脸部转移到旗帜。

近期，临床医生对两类严重脑损伤患者的脑电图（EEG）进行了记录。其中一类患者仍保持无意识状态，而另一类患者至少恢复了某种程度的觉知。经过研究，这些医生发现关键的差异在于前额叶与后部的颞叶、感觉皮层之间是否存在交流。

如果存在此类反馈，意识就会被保留；反之，意识则不存在。这一发现具有相当重要的意义。

目前，这些研究仍处于初级阶段，我们尚未精确确定意识的基础脑区。因此，我们应该避免陷入天真的颅相学解释的误区，这种解释将脑扫描中的热点（hot spots）解释为具有特定的功能，认为这一处是在计算脸部知觉，那一处是在计算疼痛，而不远处是在计算意识。然而，意识并非源自特定的脑区，而是由脑区内和跨脑区的高度网络化的神经元共同作用产生的。

脑的非凡特征之一是其神经元的异质性，这一点在过去的 20 多年中逐渐得到了更深入的认识。在每平方毫米的皮层中，大约有 100 000 个神经元，这些神经元具有高度的异质性。根据神经元的位点、树突的形状和形态、突触的结构、基因构成、电生理特征以及轴突发送到的位置，我们可以对这种异质性进行区分。这些极其多样的神经细胞，可能有多达 1 000 种不同的类型，构成了中枢神经系统的基础；理解这些神经细胞如何使感受质得以出现是理解脑功能的关键。

我们发现，一系列严谨的生理学实验正在逐步缩小心智与脑之间的鸿沟。研究者们通过提出假设，检验、驳斥或修正这些假设，不断地推动科学的进步。相较数千年的无果辩论，这一研究成果无疑是一个巨大的突破。

注意到某物，可却没看到它

选择性注意与意识之间的联系是什么？我们似乎能够意识到注意力所聚焦的任何事物。例如，当你在露营地的交谈声中努力聆听远处野狼的叫声时，你是通过关注这个声音，有意识地觉知到它们的号叫的。由于注意与意识之间的紧密关系，许多学者将这两个过程视为一体。事实上，在20世纪90年代早期，当我开始就心身问题举办公开的研讨时，我的一些同事建议我使用更为中性的"注意"概念来替代具有争议性的"意识"概念，因为这两个概念难以区分，且可能指向同一现象。

在直观上，我认为两者存在差异。注意是对输入数据的一部分进行选择，并对其进行进一步的审查和审视。在做出选择的过程中，可能会忽略未受注意的部分。注意是演化对信息超负荷的回应，因为脑无法处理所有的输入信息。从眼睛延伸出去的视神经每秒携带的信息量虽然很大，但与无线网络的标准相比仍然微乎其微。这些信息不仅需要被发送至大脑皮层，还需要被处理。脑处理海量数据的方式是选择一小部分做进一步加工，而这些选择机制与意识是不同的。因此，注意扮演了一个不同于意识的清晰角色。

在未来的 20 年内，我坚信区分注意与意识是合理且必要的。正如我之前所讨论的，连续的闪烁抑制一次会短暂地遮蔽图像几分钟。在这一短暂的不可见状态期间，具有洞察力的实验者有充足的机会操纵观众的注意力。前文提到的何生的研究即证实了这一点。他发现，裸男图片在不可见的状态下仍然更能吸引女性的注意，裸女图片则更能吸引男性的注意。这是因为，注意本质上是对图像进行选择性处理。许多其他实验也支持这一观点。例如，掩蔽期间的初级视觉皮层的脑功能成像研究表明，对不可见物体的注意增强了脑对它们的反应。与此相反，操纵可见物体对 V1 区的血流动力学反应没有一致的效果。这充分说明，脑能注意到它看不到的事物。

相反的方面——丧失注意的意识——也可能出现吗？当你专注于一个特定位置或物体，仔细观察它时，世界的其余部分并不会缩减成一个孔道，使得注意焦点之外的一切事物都消失。相反，你总是能够觉知到你周围世界的某些方面。你会觉知到你正在阅读一份报纸，或者正驾车行驶在高架桥即将迎面而来的高速公路上。

要点（gist）涉及对一个场景的紧凑的、高层次的概括，例如高速公路的塞车、体育场的人山人海、持枪的人等。要点知觉并不需要过多的注意加工，即便只短暂而突然地展现一张大照片，同时要求你关注焦点中心的某些微小细节，你也能领会到这张照片的精华。只需要 1/20 秒的一瞥就足够了。在这么短的时间里，注意选择发挥不了多大作用。

我十几岁的儿子会一边与我交谈，一边继续玩射击类电子游戏。这表明他的思维并未完全沉浸在我们的对话中，而是保留了足够的专注力和认知资源，以便同时处理两个较为复杂且需要集中注意力的任务。对于他而言，这可能意味着他能够更有效地分配和利用自己的注意资源，以应对更为重要和紧迫的任务。

德国马格德堡大学的心理物理学家约亨·布劳恩（Jochen Braun）完善了这类双加工任务的实验室版本，这项任务旨在测量人们能够关注到多少超出注意范围的事物。布劳恩提出了一种创新性的方法，他要求志愿者在他们的视线中心处执行一项具有挑战性的任务（例如数一串字母中出现了多少个 x），同时在电脑屏幕上的其他地方执行一项次要任务，以确定注意力的表现。该实验旨在探讨当这项次要任务与需要集中注意力的主要任务同时进行时，表现会如何恶化。

布劳恩的研究发现，当观察者的注意力集中于视觉中心时，他们能够通过眼角区分出包含动物（例如有狮子的大草原、有鸟群的树荫、成群的鱼等）与没有动物的图片。然而，他们无法将红绿两半的磁盘从其镜像（一个绿红磁盘）中辨别出来，这表明观察者在控制视觉边缘下降的敏感度方面存在一定的局限性。此外，被试可以判断出现在他们的中心视觉之外的脸的性别或它是不是名人的脸，但却无法完成看似更简单的任务，例如区分旋转的字母"L"与旋转的字母"T"。布劳恩的实验结果表明，至少一些视觉行为能在缺少或（采用一个更谨慎的立场）几乎没有选择性注意的情况下完成。

经过深入分析，心理学方法在解决该问题时显得力不从心。如果不细致地介入作为它们神经基础的脑回路，那么注意与意识将很难区分清楚。目前，相关研究正在小鼠或猴子等实验动物身上进行。最终的测试方法是有条件地关闭并重启脑中控制注意力的线路，并观察动物还能做出哪些视觉行为。我将在第九章再次详细讨论这些实验。

任何科学概念（诸如能量、原子、基因、癌症、记忆）的历史都是一个不断分化和复杂化的过程，直到它能在一个更低的、更基本的层面获得量化和机制水平的解释。我前面讨论过的双向分离——无意识的注意与无注意的意识——终结了这二者（意识和注意）是相同的认识。它们是不相同的。许多现存的实验文献必须根据注意与意识之间的区分加以重新审视。这并不容易。我所做的这一区分，为开展协同一致的神经生物学研究——旨在破解"脑产生意识的必要条件"这一核心难题——扫清了障碍。

第五章

你将获得神经病学家和神经外科医生的专业见解：有些神经元非常关心名人；将大脑皮层一分为二并不会相应地使意识减半；一小块皮层区的缺失可能会导致颜色从世界中消失；脑干或丘脑组织中一个方糖大小区域的损毁可能让你陷入一种被称为"活死人"的状态。

换句话说，心智有许多不同的能力，脑有许多回（convolutions）；正如我在其他地方所说的，根据科学至今所揭示的事实，我们可以接受这样一个观点，即心智的各大区域与脑的各大区域相对应。在我看来，正是在这个意义上，定位原则即使未经严格论证，至少也极有可能是成立的。然而，要确切地确定每种特定的能力是否在特定的脑回中具有对应的位置，这是一个在当前科学发展水平下几乎无法解决的问题。

——保罗·布洛卡（Paul Broca）

《解剖协会公报》

（*Bulletin de la Society Anatomique*, 1861）

从历史角度来看，临床病例为我们洞察脑和心智提供了最丰富的资源。在疾病的侵袭以及汽车事故、子弹和刀具等造成的伤害中，脑的损毁在一定范围内能够阐明脑的结构与功能之间的联系，并揭示脑在健康状态时难以观察到的特性。在此，我将讲述四个关于意识神经基础的重要方面，这些方面都是患者及其主治医生、神经病学家和神经外科医生所教给我们的宝贵认识。

我时常收到一些邮件，其中一些发件人表示一定继续与我保持联系。这些邮件中往往包含他们手写的密密麻麻的潦草字迹、自行出版的书籍或大量的网络页面链接，以及他们发表的长篇大论、缺乏条理的见解。这些见解往往涉及对生命和意识的最终解释。对于大量的这类电子邮件，我的态度是，除非它们尊重这些来之不易的神经病学和科学知识，否则它们注定成为我办公室中积满灰尘的角落里不断增加的某某文件。

调节意识特定内容的一些灰质小块

许多学者认为，意识是脑的一个整体或格式塔式的属性。这一观点基于以下理由：意识如此超凡脱俗，以至于它不是由神经系统的任何特征引起的。相反，意识只能被归因于作为整体的脑。从技术的角度来看，正如我在第八章所概述的那样，现象意识可以被视为一个整合系统的属性，这个系统的各个部分之间存在广泛的因果交互。然而，意识也有令人惊讶的局部一面。

中风、车祸、病毒感染以及神经外科手术所造成的可控创伤，都可能导致脑组织受损。这些损伤通常会留下永久的后遗症。神经外科医生最关心的是，当损伤仅限于一定范围时会发生什么。当某一特定神经组织受损时，世界可能会变得灰乎乎的，熟悉的面孔也可能变得陌生。这些事实表明，至少在某种程度上，受损区域对颜色感知和面部识别具有重要影响。

以加利福尼亚大学伯克利分校的杰克·加朗（Jack Gallant）所研究的某位患者 A. R. 为例。该患者在 52 岁时因脑动脉梗死而短暂失明。两年后，通过 MRI 扫描，发现在其初级视觉皮层外的高级视觉中心右侧存在豌豆大小的损伤。在实验室对 A. R. 进行测试时，加朗及其同事发现他失去了颜色视觉。但并不是无处不在，而只是在他视野的左上象限，这正是他们根据 MRI 扫描结果预计会发现的地方。值得注意的是，这名男子大部分时间没有觉察到他的部分世界变灰了。

虽然 A. R. 的视力偏弱，但他的运动和深度知觉功能均处于正常水平。他唯一的缺陷是部分失去了区分形状的能力，这使得他无法阅读文字——但这也仅限于其视野的左上象限。

完全失去颜色知觉的状态被称为**全色盲**（achromatopsia），这与常见的遗传性色盲存在显著差异。由于缺乏一种颜色色素基因，这些二色视者无法像拥有三种视网膜光合色素的视力正常的人（三色视者）那样具有丰富的调色板。相比之下，全色盲是在视觉皮层的颜色中心遭到破坏后出现的。因此，全色盲的结果是世界中的所有色调都消失了。例如，不再有夕阳西下时瑰丽的紫罗兰色和紫色晚霞，世界则变得只有明暗之分，如同黑白电视一般。值得注意的是，尽管颜色感知受到严重影响，但颜色词与颜色的关联仍然保留，例如"红色"与"消防车"。

还有其他种类繁多的奇怪的疾病。其中，脸盲症是一种面部识别障碍，医学上称为**面孔失认症**（prosopagnosia）。患者无法准确识别名人的面孔或熟人的容貌，尽管他们能够感知到所注视的是一张面孔，但却无法将其辨认出来。在这种情况下，所有人的面孔似乎都显得相似，如同河床上的鹅卵石一般难以区分。尽管脸和石头都具有独特的属性，但在一堆光滑的石头中做出区分是相当困难的，而人们却能够轻松地识别上百张不同的面孔。这是因为人脑中存在大量专门负责加工面部的回路，而几乎没有回路负责处理石头的外观（除非是石头收藏家或地理学家）。如果一个人的大脑皮层高级区中调节面部特性的神经元受到损伤或不存在（特别是在先天性脸盲症患者中），他将无法在机场人群中认出自己的配偶。而我们通常能够轻易地认出自己的爱人，这种识别过程是自然而然的。

脸盲症可能会导致社交孤立和羞怯，因为患者难以识别正在与他们交谈的人，更无法准确称呼这些人的名字。为了应对这种情况，他们可能会专注于某个奇特的标记，如胎记、大鼻子、颜色鲜亮的 T 恤或特定的声音等，以便辨认出他人。然而，化妆和改变发型可能会影响识别；同样，一群穿着相同制服的人也可能会增加识别难度。

在严重的脸盲症中，患者甚至看不到一张脸。他们的视觉器官没有任何问题：他们能够感知到眼、鼻子、耳朵和嘴等面部组成部分，但却无法将这些部分整合成一个完整的面部印象。神经病学家奥利弗·萨克斯的著作《错把妻子当帽子》收录了这样一个案例：患者将一个老爷钟的钟面错认为一张人脸，并试图与这个老爷钟握手。这个案例表明，脸盲症患者对面部特征的认知存在严重障碍。

有趣的是，这些人在面对熟悉的面孔时，可能会产生一种自动的反应。与注视他们不认识的人的照片相比，当注视著名的政客、电影明星、同事或家庭成员时，他们的皮肤电反应会增强——基本上，他们会出一点汗。然而，他们始终坚称自己并不认识那些人。因此，无意识有自己处理情绪化面孔的方式。

面孔失认症的对应病症为**卡普格拉妄想症**（Capgras delusion）。患有此病的患者会坚信，他们的配偶已被另外的人——一个看、说话以及行为方式都与患者的配偶非常相似，但总是存在细微差异的骗子——冒名顶替了。这种障碍相当罕见，且此类患者通常不会引起他人的注意。在此情况下，面孔识别功能并未受损，但患者对**熟悉**个体的自动反应却消失了。由于患者无法体验到与亲密或熟悉的人相遇时通常会产生的自然情感反应，他们会感到某种异常或不对劲。

运动盲（akinetopsia）是一种极为罕见的病症，但其后果却极具破坏性。当这种病症患者处于一个完全由闪光灯照亮的环境（就像迪斯科舞厅或夜总会）时，尽管每次闪光都能清晰地照亮正在跳舞的人，但是在他们看来那些人完全是僵硬的，没有任何运动。当你在镜子中看自己以这种方式运动时，你会觉得挺有意思；然而，我可以确信地说，这种兴奋感很快就会消退。对于运动盲患者来说，他们通过比较物体的相对位置来推断物体一直在运动，但他们无法直接观察到这一运动。例如，他们可以注意到一辆汽车的位置发生了变化，但却无法察觉到汽车正在朝自己驶来。值得注意的是，这些患者的其他视力方面，如颜色识别、形状识别以及对闪烁光的感知，都是完全正常的。

通过对这些具有病灶损伤者的仔细研究，伦敦大学学院的泽米尔·泽基（Semir Zeki）提出，脑中存在负责某一特定意识属性的**主节点**（essential node）。在视觉皮层中，存在一个负责颜色知觉的主节点；而有几个脑区与面孔知觉和视觉-运动感相关。此外，杏仁核的一些部分对于恐惧体验至关重要。如果任何节点受到损伤，相关知觉属性就都会丧失，但其他意识属性仍可保留。

对临床数据的解释，并非如我所描述的那样直接。这是因为脑，特别是年轻人的脑，具有很强的恢复能力。即使在丧失一个主节点的情况下，信息也可能通过不同的路径重新传递和表达。此外，个体可能会逐渐重新获得失去的功能。

我们最终获得的启示是，几小块大脑皮层主管特定的意识内容。这些区域各自分工明确，一部分负责赋予现象体验以面孔的生动性，另一部分则提供新奇感，还有一部分调节声音的音调。这种皮层位置与功能的关联是神经系统的一种重要特性。为了进一步说明，我们可以将脑与另一个关键器官——肝脏进行比较。肝脏与脑一样，也有左右两个部分，总重量为3磅[①]。然而，与神经组织相比，肝脏组织的分化程度较低，同质性较高。这意味着在肝脏中，功能受损与伤害的程度成正比，而与损伤的位置关系不大。

概念神经元编码了霍默·辛普森和詹妮弗·安妮丝顿

我清晰地回想起我第一次从攀爬的山崖摔落下来的经

---

① 1磅约合0.45千克。——译者注

历。最近，我开始逐渐摆脱纯粹的绝望情绪——我儿子离家去上大学，而我的女儿也将在本学年末离开家。这留给我一段漫长而令人心慌的空巢期。为了消磨过剩的能量和热情，我开始进行跑步上山和攀岩等活动。

在加州沙漠的约书亚树国家公园，我曾负责领导一次裂缝攀登活动。我清楚地记得，在一块向右弯曲、近乎垂直、晶体镶嵌的橙褐色花岗岩墙体上，有一个特定的位置。这块花岗岩地形既可能给登山者带来伤害，同时也是我们攀登过程中的得力助手，因为它表面的不均匀纹理可以为我们提供额外的摩擦力。当我将左脚插入一道裂缝，右脚悬空在外，右手将一个凸轮保护装置的小部件猛然推入裂缝时，我成功地攀到了一个比我头部高出很多的地方。凸轮平稳地滑入了裂缝，但我担心它在承受重量时可能会迅速弹出。于是，我重新调整了凸轮的位置，将其插入更深的裂缝。然而，就在此时，我的左脚突然滑脱，身体向下坠落了大约 10~12 英尺[①]，仰面朝天地摔倒在地，旁边是一块尖锐的岩石；靠着这愚蠢的运气，我躲过了一场潜在的灾难。尽管我的后背皮肤被灼伤，行动不便了好几天，但这些轻微的伤势只是增添了我对攀岩经历的珍视。这些事件在我的记忆中留下了不可磨灭的印象。

---

① 1 英尺约合 0.3 米。——译者注

那么，上述意识内容的独特性和深度细节是如何产生的呢？我的颅骨里没有关于我攀登的照片，只有一个棕灰色的，平滑度、大小和形状类似煮得过久的花椰菜一样的器官。这个像豆腐一样的组织由神经和神经胶质细胞组成，它们通过血液和脑脊液的缓冲来运作。神经元及其相互连接的突触是知觉、记忆、思维、行动的基本单位。为了科学地理解这些过程，我们必须深入研究发生在巨大的、嵌于复杂网络的神经元联合体中的交互。这就像化学家无法理解正常温度下物质的构成，除非他们了解控制电子和离子交互的电磁力一样。

我必须指出，最初提及的那一问题确实具有深远的含义，但至今尚未获得明确的答案。然而，我想分享的是，我曾深度参与的一个研究项目确实揭示了部分真实情况。

癫痫是一种常见的神经系统紊乱，其发作时，神经放电会异常同步并自我维持，进而蔓延至整个脑。对于许多患者来说，需要通过药物来抑制这些反复出现的间歇性脑痉挛。这些药物能够降低底层回路的兴奋性并促进其抑制。然而，药物并不总是有效的。当局部异常，如瘢痕组织或发育时期的神经错接（miswiring），被怀疑是引发癫痫的原因时，医生可能会建议进行神经外科手术以摘除问题组织。虽然颅骨穿孔存在一定的风险，但对于无法通过其他方式控制癫痫的患者来说，这种手术是有效的治疗手段。

　　为了最大限度地减少术后副作用和改善生活质量，关键在于精确确定脑中引发癫痫的确切位置。这一过程依赖于神经心理学测试、脑部扫描和 EEG 描记的综合分析。在外部观察中，如果脑部没有明显的结构性病变，神经外科医生可以通过在头骨上钻一个小孔，将一组电极插入脑的软组织，并保持这些电极在那里约一个星期。在这期间，患者需要在医院的病房内生活和休息，并通过线路持续监测信号。当癫痫发作时，癫痫学家和神经放射学家会对异常放电活动的起源点进行三角测量定位。随后，他们会破坏或摘除这个异常的组织块，以减少癫痫发作的频率。

　　神经外科是一个对技巧要求极高的专业领域，加利福尼亚大学洛杉矶医学院的神经外科医生、神经病学家伊扎克·弗里德（Itzhak Fried）是该领域的世界级杰出代表之一。脑外科医生与攀岩运动员、登山家有许多共同的特质，我也渴望拥有这些态度和行为。他们是一群极客——以高科技和精密测量为乐，但他们也很老练，颇有文采。他们以一种直率、严肃的方式对待生活和生活中的风险；他们知道自己的局限，但对自己的技能充满信心（当他要钻你的颅骨时，你不希望你的外科医生是缺乏自信和犹豫的人）。他们可以摒除其他一切干扰，好几个小时专注于手头任务。

　　伊扎克及其外科同事对掏空电极的癫痫监测进行了完善。通过这种方式，他们能够将比头发丝还细的电线插入灰质。通过运用适当的电子设备和精选的信号检测算法，这束微型电极能够从持续的脑电活动背景杂音中，精确捕捉到 10~50 个神经元发出的微弱抖动。

在伊扎克的指导下，我实验室的一个团队，包括罗德里戈·基安·基罗加（Rodrigo Quian Quiroga）、加布里埃尔·科瑞曼（Gabriel Kreiman）和利拉·雷迪（Leila Reddy），在内侧颞叶丛林般的区域发现了一组特殊的神经元。该区域包含海马体，负责将知觉印象转化为记忆。然而，该区域也是癫痫发作的常见来源，这也是伊扎克选择在此放置电极的原因。

我们诚挚寻求患者的协助。在患者仅能无聊地等待癫痫发作的时刻，我们向他们展示熟悉的人、动物、标志性建筑和物体的图片。我们期望其中一张或几张图片能够激发某些被监测的神经元的"兴趣"，促使它们发放一阵动作电位。在大部分情况下，这样的搜索均无果而终，尽管我们偶尔会遇到对特定事物，如动物、户外场景、普通面孔等产生反应的神经元。然而，有几个神经元展现出更强的识别能力。当我首次看到加布里埃尔展示的此类细胞时，我感到非常兴奋。其中一个神经元仅在患者观看当时的总统比尔·克林顿的照片时才会放电，另一个神经元则仅对巴特·辛普森和霍默·辛普森的卡通画产生反应。

在个体神经细胞层面，这种惊人的选择性是前所未有的，因此我们最初对这一发现持相当大的怀疑态度。然而，有一点是肯定的：内侧颞叶神经元确实对于使它们兴奋的东西非常挑剔。我们发现，一些海马神经元只对影星詹妮弗·安妮斯顿的七张不同照片做出反应，但不对其他金发碧眼的女性或女演员的照片做出反应。海马体内的另一个细胞只有在看见女星哈莉·贝瑞时才兴奋，包括她的卡通图像和她名字的书写。此外，我们还发现了对特雷莎修女的照片、对可爱的小动物（"彼得兔细胞"）、对萨达姆·侯赛因的照片以及他名字的读音和书写、对勾股定律 $a^2+b^2=c^2$（这是一个将数学作为一种业余爱好的工程师的脑细胞）等做出反应的细胞。

伊扎克将这些细胞称为**概念神经元**（concept neurons）。我们应避免将其人格化，以免产生误导，将它们称为"詹妮弗·安妮斯顿细胞"（细胞并不喜欢这样的称呼）。每个细胞，连同其同类细胞（因为内侧颞叶中可能存在数千个针对任何特定概念的此类细胞），会对一个概念进行编码，例如詹妮弗·安妮斯顿。无论患者是通过看到或听到她的名字、注视她的照片，还是想象她来识别她，这些细胞都会活跃起来。因此，这些细胞可以被视为詹妮弗·安妮斯顿的柏拉图理念（Platonic Ideal）的细胞基质（cellular substrate）。无论这位女演员是坐着还是跑步，无论她的头发是向上还是向下，只要患者能够识别出詹妮弗·安妮斯顿，这些神经元就会活跃起来。

任何人都不可能天生就具备对詹妮弗·安妮斯顿进行选择的细胞。就像雕塑家精心雕刻《米洛斯的维纳斯》或《圣殇》（*Pieta*）一样，脑的学习算法也会塑造概念神经元嵌入其中的突触场。每次遇到特别的人或事物时，高级皮层就会产生一个类似的尖峰神经元模式。内侧颞叶中的网络能识别这种重复模式，并使特定的神经元专门负责它们。个体具备各种概念神经元，分别对家人、宠物、朋友、同事、电视上看到的政客、笔记本电脑、喜欢的那幅画进行编码。我们推测，概念细胞往往表征更抽象但也极为熟悉的观念，诸如与记忆中的"9·11"事件相关的一切、数字 π（圆周率）或上帝的观念。

相反，对于那些我们很少接触或体验的事物，我们往往缺乏相关的概念细胞。例如，对于递给你一杯脱脂拿铁咖啡的咖啡师，你可能并没有特别的感觉或印象。然而，如果你有意将他视为朋友，并在一次酒吧的相遇中与他建立联系，那么你的内侧颞叶中的网络就会开始发挥作用。相同的峰值模式会重复出现，并与代表他的概念细胞相连接。

在视觉皮层，许多神经元会对特定方向的直线、灰色或表情丰富的普通面孔产生反应。然而，内侧颞叶中的概念细胞受到较大的抑制。每个个体或事物只能激活一小部分神经元的活动，这种现象被称为稀疏表征（sparse representation）。

经过严谨的研究，我们发现概念细胞有力地证明了意识体验的特异性在细胞层面具有直接的对应物。以你回想玛丽莲·梦露站在地铁护栏处的场景为例，通常我们认为脑利用广泛的总体（population）策略来表征这个知觉印象。然而，当我们观察到不同的个体，如梦露、安妮斯顿、英国女王或你的祖母时，神经细胞的放电方式是不同的。尽管做出反应的细胞总体上相同，但它们做出反应的方式却不同。不过，我们的发现并不适用于你非常熟悉的概念和个体。在大多数情况下，大多数神经细胞是沉默的，这就是稀疏表征的本质。当梦露的形象出现时，只有少数神经细胞活跃；而当安妮斯顿的形象出现时，另一群不同的神经细胞变得活跃。因此，任何一个有意识的知觉印象都可能是由数百或数千个神经元联合体产生的，而不是数百万个。

最近，我实验室的莫兰·瑟夫（Moran Cerf）与伊扎克等人合作，成功提取了几个概念细胞的信号，并将其转化为患者思想的可视化外部展示。这一想法虽然看似简单，但其实实现起来极具挑战性。莫兰，这位从计算机安全专家和电影制作人转型为加州理工学院研究生的学者，经过三年的努力才成功掌握了这项技艺。

让我为你提供一个实例。莫兰记录到了一个神经元，该神经元对患者在观看电影《七宝奇谋》时识别出演员乔

什·布洛林的形象做出了反应；同时，他也记录到了另一个
神经元，该神经元对我前面提到的玛丽莲·梦露的形象产生
了替代性反应。患者注视着一台监视器，这两个形象在监视
器上叠加显示。通过患者的脑部活动对监视器的反馈，这两
个神经元的放电活动控制了患者在多大程度上看到的是混合
形象中的布洛林还是梦露。每当患者将注意力集中在布洛林
身上时，相关神经元的放电活动就会增强。莫兰设置了这种
反馈机制，使得当一个神经元相对于另一个神经元放电活动
更强时，布洛林的形象就会变得更加清晰可见，梦露的形象
则会变得更加模糊。反之亦然。监视器上的影像持续变化，
直到只有布洛林或只有梦露的形象清晰可见时，实验试次才
会结束。患者对此非常感兴趣，因为她可以通过自己的想法
来控制所看到的影像。当她将注意力集中在梦露身上时，相
关的神经元就会增强其放电频率，同时与竞争概念"布洛
林"相关的神经元则会抑制其活动，而与此同时大多数神经
元并未受到明显影响。

　　此处我讲述故事的方式，听起来就像有两个当事人，其
方式就像电影《成为约翰·马尔科维奇》中木偶艺人克雷格
（Craig）占据了演员约翰·马尔科维奇的头脑。一个当事人
是这个患者的心智，它全神贯注于梦露。另一个当事人是这
个患者的脑，即内侧颞叶的神经细胞，它根据心智的愿望上
调和下调它们的活动方式。然而，这二者都是同一个人的一

部分。所以，究竟是谁在操控谁呢？谁是幕后操纵者，而谁又是傀儡呢？

伊扎克通过电极检测了意识的神经相关物的归零点（ground zero）。患者可以刻意并且有选择地调节内侧颞叶神经元的参与程度。然而，许多脑区并不受此影响。例如，人们无法强迫自己看到灰色阴影中的物体，这可能意味着在视觉皮层中，人们无法有意识地抑制颜色神经元。同样，尽管人们有时希望关闭脑中的疼痛中心，但这是无法实现的。

心身纽结（mind-body nexus）的所有离奇古怪方面在这里都得到了明显的体现。当梦露神经元放电时，患者并不会感觉到痒。她不会想，"抑制，抑制，抑制"，从而将布洛林从屏幕上赶走。她并不知道在她的脑袋里究竟发生了什么。然而，关于梦露的思想被转译成了一种特殊的神经元活动模式。她的现象心智中的事件在她的物质脑中找到了相应的平行物。心震（mind-quake）与脑震（brain-quake）同时发生了。

两个皮层半球中的每一个都能产生意识

像身体的其他部分一样，脑具有显著的左右对称性。可以将其想象成一个放大的核桃。一侧并不完全是另一侧的镜像，但几乎差不多。几乎每个脑结构都有两个副本，一个在左边，一个在右边。视觉场的左侧由右半球的视觉皮层表征，反之，右侧被映射到左半球的视觉皮层上。当你向外看世界时，你不会看到一条纤细的垂直线沿着你的视野延伸。这两个半球被无缝地整合在一起。哲学家强调体验的单一性。你不能一边一个地体验到两个意识流，而是只能体验到一个。而且，适用于视觉的同样适用于触觉、听觉等。

两个脑半球与一个心智之间的这种不协调是由笛卡儿提出的，他试图寻找一种反映体验单一性的结构。他错误地认为，松果体不存在左边一半和右边一半。他还提出了一个著名假设：它（松果体）是灵魂所依之处（按现代语言，即意识的神经相关物）。当我在课堂上提及笛卡儿对松果体的看法时，许多学生会窃笑："多傻啊！"事实上，笛卡儿领先于他所处时代几个世纪，他在寻找结构与功能之间的关系。他的见解使人耳目一新，他将现代性和启蒙的气息吹进中世纪经院哲学临近尾声时的枯燥、陈腐的氛围中。笛卡儿用机械因取代了亚里士多德过时的目的因，因为后者实际上什么也解释不了——例如将木头燃烧解释为它拥有一种试图燃烧的内在本质。笛卡儿，连同弗朗西斯·克里克和已故的神经外科医生约瑟夫·博根（Joseph Bogen）都是我心目中的伟人。（说实话，那个叫丁丁的小记者以及侦探夏洛克·福尔摩斯也是我心中的伟人。）

脑中最大的白质结构胼胝体是［左脑与右脑］整合的主要原因。它是由大约 20 亿个轴突组成的一束粗粗的连接，每一个轴突都从脑一侧的椎体细胞延伸至另一侧。轴突——与一些细小的连接束——紧密地调节两个皮层半球的活动，以至于两个半球能够毫不费力地协同工作，从而产生一个关于世界的单一观点。

如果这束轴突被切断，那么会发生什么？如果小心谨慎地切断它，但不损伤其他结构，那么患者应该仍然有情识，尽管他的意识可能会被一分为二，缩减为仅仅包含左侧或右侧视野。然而，发生的事情并不是这样的！

在某些棘手的癫痫发作中——一个脑半球的发作会扩散到另一个半球，并导致全身抽搐——患者的部分或者全部胼胝体被切除。这个手术——第一次实施是在 20 世纪 40 年代早期——能够缓解癫痫发作。引人注目的是，一旦**裂脑**患者从手术中康复，人们很难在日常生活中察觉他们的异常。他们像以前一样看、听和闻，他们四处走动、谈话以及得体地与他人交流，而且他们的智商（IQ）也没有变化。他们有正常的自我感，并且在他们感知世界时，他们也没有报告明显的异常——例如，他们的视野并没有减小。开创这个手术的那些外科医生，诸如洛马林达大学的约瑟夫·博根，对这种缺乏明晰症状的情况感到非常困惑。

然而，通过对裂脑患者更细致深入的观测，加州理工学院的生物学家罗杰·斯佩里揭示了一种持续的、深刻的分离症状。如果把特定数据只给予一个半球，那么那些信息就不会与另一侧的孪生半球共享。进而，只有一个半球能够说话，通常是左边的那个。也就是说，如果右半球丧失或因麻醉被抑制，那么患者仍然能说话，这也是左半球被称为优势半球的原因。尽管右半球能咕哝或嗡嗡地表达，但它自身仅有有限的语言理解能力并且是不会说话的。因此，当与一个裂脑患者交谈时，正是这位患者的左半球在进行所有的谈话工作。他无法命名出现在左视野的物体，因为那个图像是由他不能说话的右侧视觉皮层加工的。但是他能用左手从托盘上的一组物体中将一个物体挑出来，因为左手是由右侧运动皮层控制的。

如果将一把钥匙放在他的右手上，尽管右手在桌子底下是看不见的，但患者仍旧能够快速说出手上的东西是钥匙。来自他右手的触觉信息被传递到他的左半球——物体在这里被识别——它的名称则被转发至语言中心。然而，如果把钥匙被放在他的左手上，他就不能说出这是什么，反而会讲一些漫无边际的碎语。右半球可能很清楚那个物体是一把钥匙，但是它无法把这个知识传递给左半球的语言中心，因为通信连接被切断了。

脑的一半确实不知道另一半正在做什么，结果出现了一种介于悲剧与滑稽之间的境况。北达科他大学的神经病学家维克多·马克（Victor Mark）录制了一次与裂脑患者的访谈。当问及患者手术后有多少次癫痫发作时，她右手竖起了两根手指。紧接着，她用左手将她右手的手指压下去。在试了几次计算她的癫痫发作次数后，她停了一下，接着她用右手伸出三根手指，再用左手伸出一根手指。当马克指出这个矛盾时，患者说她左手经常会自作主张地做这些事情。继而出现两只手打架的情形，看起来就像一场有趣的闹剧。只有当患者因为受到这样的挫折而禁不住流泪时，我才想起她的悲惨处境。

因裂脑研究工作，斯佩里在 1981 年获得诺贝尔奖。他的研究告诉我们，尽管切断胼胝体会将皮层 - 丘脑复合体一分为二，但意识却是完整的。两个半球都具有独立的意识体验的能力，只是其中一个比另一个更擅长表达。无论意识的神经相关物是什么，它们都必定独立存在于大脑皮层的两个半球中。也就是说，在一个头颅里存在两个有意识的心智。我会在第八章再次讨论这个主题。

意识能够永久地消失，留下一具僵尸

只要你保持清醒，你就会意识到某种事物——可能是未来的路途，也可能是重金属乐队"德国战车"所演奏的重金属音乐，还可能是性幻想。只有在特定的禅修过程中，人们才能达到一种没有任何特定内容的意识状态，即未觉知到任何具体内容的觉知状态。甚至在你的身体沉睡时，你在梦境中也能有生动的体验。相比之下，当人们处于深度睡眠、麻醉、昏厥、脑震荡以及昏迷状态时，他们不会有任何体验。这种状态并非黑屏，而是空无一物（*nada*）。

当脑遭受严重损伤时，意识可能无法恢复。车祸、跌倒、战斗受伤、药物或酒精过量、近乎溺水的经历等，任何一起事件都可能引发严重的无意识状态。得益于救援直升机和急救医务人员的迅速行动，伤者得以被转移到具备先进设备以及专业创伤治疗护士、医师的医疗机构接受救治。正因为如此，许多生命才得以从生死边缘被挽救回来。然而，对于部分人来说，这却是一场灾难。他们虽能生存多年，却始终无法恢复意识，成了"活死人"。

当负责觉醒的脑部遭受损伤时，这种全局性的意识失调便会产生。在这种情况下，丘脑与大脑皮层的神经元无法汇聚成广泛调节任何特定意识内容的神经元联合体。受损的意识状态包括**昏迷**、**植物状态**以及**最小意识状态**（minimally conscious state）。觉醒程度的波动范围较大，涵盖了从完全丧失觉醒的昏迷到周期性睡眠 - 觉醒交替的植物状态，以及在最小意识状态、梦游和某些部分癫痫发作中呈现目的性运动的健康觉醒状态。

单在美国，每年大约有 25 000 名患者长期处于所谓的**持续性植物状态**（PVS），他们的康复前景颇为黯淡。此类状况尤为令人难以承受，因为与昏厥患者不同——几乎丧失所有反射——处于这种边缘状态的患者（宛如地狱边缘）却具有日常的睡眠‐觉醒周期。当他们"醒来"时，他们的眼睛是睁开的，并且可能会有反射性运动，正如他们四肢偶尔会动一样。他们可能会"扮鬼脸"，转过他们的头，发出呻吟。对于床边不知情的观察者而言，这些活动和声音表明患者已恢复意识，因此他们急于与患者进行沟通。在救济院与疗养院中，患者要度过数十载黯淡的岁月。患者被摧毁的生活悲剧则进一步放大了家庭在关爱和资源上的投入，而家庭成员总是寄望于患者能奇迹般康复。

你或许会回忆起佛罗里达州的特丽·夏沃（Terri Schiavo）的案例，她在持续性植物状态中度过了 15 年，直至 2005 年因药物诱导而离世。这一事件引发了广泛关注，源于她丈夫与父母之间关于是否中止生命维持的争议，这一争议愈演愈烈，甚至涉及法律诉讼，最终时任总统乔治·W. 布什也卷入其中。在医学领域，关于她病情的诊断并无异议。特丽·夏沃表现出短暂的自动行为（如转头、眼球运动等），但未展示出具有目的性的一致行为。她的 EEG 呈平坦状，说明大脑皮层已停止活动。多年以来，她的病情并未出现好转。尸检结果显示，她的皮层已萎缩一半，视觉中心亦然。因此，与公开报道的相反，她实际上已无法看到任何事物。

让我稍稍离题一下。当前美国的立法在撤除医疗护理与主动安乐死之间确定了明确的界限。在前者的案例中，晚期病患因病情自然恶化而走向生命终结。而在后一种情况下，医生通过阿片制剂或其他药物的干预，促使死亡进程加速。

我理解提出禁止安乐死的法律所凭依的历史力量。然而，以剥夺所有流食和固体食物的方式使患者（甚至如夏沃这般无意识的个体）陷入饥饿而结束生命，在我看来显得过于残忍。以我家钟爱的宠物狗特里克西耶（Trixie）为例。它12岁时，不幸患上心肌病。它开始拒绝进食，胃部充斥着水分，频繁的呕吐使得肠道蠕动难以停止。无奈之下，我妻子和我只得带它去兽医处就诊。兽医为它注射了大量的巴比妥类药物，它信任地躺在我的怀里，温柔地舔着我，直至它勇敢的心脏停止跳动。这个过程相当迅速，它并未遭受疼痛。虽然我们的心情无比沉重，但这样的决定无疑是正确的。我衷心希望，当我的生命走到尽头时，也能得到如此善待。

遗憾的是，我们通常难以对处于持续性植物状态的患者（拥有规律的睡眠－觉醒转换）与处于最小意识状态的患者（能与周围的人进行零星交流）做出明确的区分。关于如何实现这一目标，我将在第九章对一种工具即意识测量仪进行讨论。此外，功能性脑成像技术也是另一种有效的手段。

在剑桥大学，神经病学家阿德里安·欧文（Adrian Owen）对一位在交通事故中脑部遭受严重创伤且反应迟钝的妇女进行了一项研究。在实验过程中，研究人员将这位妇女置于 MRI 扫描仪中。在母亲的协助下，她需要阅读指令，包括想象打网球和参观家中的各个房间。尽管患者并未展示出理解指令的迹象，更不用说做出回应了，但她的血流动力学脑活动模式与闭上眼睛并想象相似活动的健康受试者相似。这种想象活动是一种复杂且有目的的心智过程，持续约几分钟时间，这并非无意识行为。尽管该受伤妇女无法通过手、眼或声音发出信号，但至少她偶尔是有意识的，并能遵从外部指令。当用相同方法测试其他处于植物状态的患者时，并未观察到类似的脑活动信号；他们似乎确实没有意识。因此，MRI 扫描仪可能是严重脑损伤患者的生命线，因为它可以提供一种交流途径："如果你感到疼痛，请想象打网球；如果你不疼，请想象穿越你的房子。"

回到主题上来。值得注意的是，即便大脑皮层的大部分受到损伤，患者在康复后也可能不会丧失整体功能。如前所述，个体病灶皮层损伤所致的缺陷相对有限。额叶受损后的快速恢复能力尤为显著。刺激此类区域不会像刺激初级运动皮层那样引发四肢抽搐，也不会像刺激视觉皮层那样产生光闪烁。因此，早期神经病学家常将额叶称为**静默区**（silent regions）。

经典精神外科学的主要特征是有序地损毁大脑皮层额叶的灰质（即额叶切除术），或者切断前额皮层与基底神经节白质轴突的连接（即脑白质切断术）。此类手术颇受争议，原因在于其采用改良冰锥插入眼窝的方法进行，这可能导致患者性格及心智功能受损。虽说这类手术将"疯子变为白痴"，并且方便看护患者，但这样的手术并未导致意识的全局丧失。

然而，位于左右脑假想中线附近的皮层下结构遭受微小局限的损伤，却能导致个体陷入无意识状态。我将这些中线结构视为意识产生的推动因素，它们调控着脑的觉醒程度，而觉醒程度是觉知所必需的。如果一个皮层下区域左侧和右侧的副本均被损坏，患者可能永久地丧失意识。大致而言，脑能够承受一侧结构的损伤，但无法承受两侧均受到损害。其中一个这样的中线结构为**网状激活系统**（reticular activating system），即上脑干和下丘脑中一组异质的核群集合。核群是神经元的三维聚集，具有独特的细胞结构和神经化学特性。网状激活系统中的核群释放调节神经递质，如血清素、去甲肾上腺素、乙酰胆碱及多巴胺，它们源自贯穿前脑的轴突。

意识的生成还取决于丘脑五个板内核群的聚合，它们密集分布于中线附近。这些核群接收来自脑干核群与额叶的传入信号，并将之传递至整个大脑皮层。即便左右丘脑板内核群的受损部分仅相当于一块方糖的大小，也足以导致意识的丧失，多数情况下为永久性消失。

为了实现体验，大量位于丘脑和脑干中的核群需要保持前脑处于充分觉醒状态。虽然这些具有独特化学属性的结构无助于体验内容的产生，但它们却使之成为可能。这些核群的努力目标在于大脑皮层中的 160 亿个神经元，以及与这些神经元密切合作的丘脑、杏仁核、屏状核和基底神经节中的神经元。通过调控神经递质释放的混合物，板内核群和脑内室的其他核群可以上调或下调突触和神经元的活动强度，推动皮层－丘脑复合体的形成，并塑造与之紧密同步的神经元联合体。这个同步神经元联合体是各类意识体验的核心。

总之，皮层及其附属结构的局部属性对意识的特定内容具有调节作用；反之，全局属性对于维持意识至关重要。神经元连贯联盟的形成以及觉知的出现，均需皮层－丘脑复合体充满神经递质，这些化学物质由脑的深层及较古老部分的神经元长而弯曲的触角释放。无论是局部还是全局方面，均对意识具有关键意义。

就此而言，关于意识的神经解剖学和神经化学方面的探讨已经相当充分。接下来，我将转移注意力至无意识领域。

第六章

　　我将为年轻时期所持有的两个看似荒谬的命题进行辩护。这两个命题分别为：你并未觉知到头脑中发生的多数事件；尽管你确信自己的生活尽在掌握，但实际上你的大部分行为受僵尸般的行动者操控。

人究竟对自己了解多少？他是否能够如同参观陈列在明亮展示柜中的展品般，全面地认识自己？鉴于将他束缚在一种傲慢且具有欺骗性的意识中，使其远离肠胃的纠结、血液的奔腾以及纤维的繁复振动，大自然岂非对绝大多数事物（甚至是他自己身体的奥秘）予以隐匿？她舍弃了这把钥匙。

——尼采
《论道德意义之外的真理与谎言》
（On Truth and Lie in an Extra-moral Sense, 1873）

作为一名成年人，我终将面临生命的终结。10多年前，我突然间本能地领悟到自己的生命时限。在那个夜晚，我沉迷于一款第一人称射击类电子游戏，这款游戏原本是我未成年的儿子所钟爱的。在异国他乡的阳光下，我穿越空荡荡的大厅、被水淹没的走廊、噩梦般扭曲的隧道以及空旷的广场，奋力对抗无情追逐我的众多外星生物，直至我将手中的武器耗尽。当晚，我照例入睡，不久便进入梦乡。然而，数小时后，我突然醒来，心中确信——我命不久矣！虽非当下，但终将到来。

并非我预见到了何种不幸，如癌症之类的灾祸，而是突然间深刻地领悟到生命终究有其终点。10多年前，死神意外地降临到我们身边，当时我的女儿加布里埃勒的同卵双胞胎妹妹伊丽莎白（Elisabeth）在仅8周大时，因婴儿猝死综合征离开了我们。孩子应在父母去世之后才离世；这种事态严重违背了自然的秩序。这种可怕的体验浸染了随之而来的一切，但奇怪的是，它并未深刻触动我对死亡的认识。然而，这次的夜间领悟却有所不同。我如今明白，深切地明白，我亦将走向生命的终点。死亡的确定性始终伴随着我，它使我变得更加明智，但并未使我更加快乐。

我对这一奇特事件的解释是，电子游戏中的所有杀戮引发了关于自我毁灭的无意识思考。这一过程使我陷入极度焦虑之中，导致我的皮层－丘脑复合体在无外部刺激的情况下自发激活。在此节点，自我意识觉醒，勇敢地直面其注定的命运。这一奇异却普遍的体验生动地展示出，我脑中的大部分活动是我无法通达的。在脑的某一区域，我的身体受到监视；爱、欢愉和恐惧应运而生；想法出现，会被进一步深思，接着又被舍弃；计划得以制定；记忆得以建立。然而，这个具有意识的我，即克里斯托夫，对这一切纷繁的活动却置若罔闻。

　　确定无疑的死亡会等候着我们所有人，而我们对人必有一死的认识的抑制是弗洛伊德所谓的**防御机制**（defense mechanisms）的演化中的一个主要因素（我们是唯一拥有这些机制的动物吗？黑猩猩能对必有一死的认识进行抑制或压抑吗？）。这种机制使我们得以从意识中消除焦虑、内疚以及不请自来的思绪等。若非此类净化机制的存在，早期人类可能会过度沉溺于自身命运的终局，从而无法成功应对生存环境。或许，临床抑郁症便是失去了这种防御机制所致。

　　然而，通过合适的触发条件，无意识的情绪可以被戏剧性地展现出来。在身处波士顿之时，我总会尽量前往伊丽莎白的墓地。在那次午夜启示之后的几年，我来到圣约瑟夫公墓祭奠。在绵绵春雨中，独自漫步于墓石之间，我从远处观察到她的墓碑显得有些异常。靠近一看，惊奇地发现，在镌刻着伊丽莎白名字的花岗岩石碑上，有一个翅膀破损的小陶土天使。在我女儿的长眠之地，这个无助的小雕像瞬间唤起了我难以承受的悲痛与失落。我跪在地上，在雨中哭泣。致电远方的妻子，她安慰我冷静下来；然而那天余下的时光，我仍不禁颤抖。对于那个残缺的雕像如何出现在此，我并不清楚。那天我深刻理解到，在适宜的情况下，一个符号便能突然解锁长期沉睡的记忆与情感。

　　在我就读大学的时代，两位亲密的朋友曾尝试过原始治疗（primal therapy）①，这是一种由披头士乐队成员约翰·列侬倡导的心理疗法。作为一个敏感型的人，我时常调侃他们固执地认为压抑的记忆、本能的欲望和需求以他们未曾察觉的方式影响着他们。然而，对于我自己，我坚信自己完全掌控着我的头脑，对于弗洛伊德的无意识记忆或创伤记忆——包括出生时的痛苦，是的，那就是原始治疗（如果你听说它最初源自南加利福尼亚，那么这并不令人意外②）——对我行为的影响，我甚至坚决否认其存在。

经过 30 年的沉淀，我愈发严谨。如今方明白，独立自主的"我"之行为实则受习惯、本能与冲动主导，而这些很大程度上规避了意识的审查。我的神经系统轻而易举地操控着我的躯体，犹如漫步在一条拥挤的购物小巷；它如何解析传入耳中的声音信号，并将其转化为他人提出的问题；演讲时支离破碎的思路如何突如其来且有序地从喉咙和口中流出；为何我难以抵挡购买一件电光紫或帝王紫的花哨衬衫的诱惑——这诸多现象均超越了我的有意识自我所能掌控的范围。此种觉知缺失甚至蔓延到心智的最高领域。

---

① 一种由美国心理学家亚瑟·雅诺夫（Arthur Janov）于 20 世纪 60 年代创立的心理治疗方法，强调通过重新体验被压抑的童年创伤性情绪（尤其是婴儿期和幼儿期的痛苦）来达到心理治愈。——译者注

② 指原始研究所（Primal Institute），该诊所位于南加州的洛杉矶，创办于 1968 年，是世界上唯一一家由原始疗法创始人雅诺夫认证和培训的治疗师组成的心理治疗诊所。——译者注

　　在生活中，我们时常会遇到情绪紧张的状况；对于那些每日伴随着我们的怨恨、愤怒、恐惧、绝望、希望、悲伤以及激情等强烈情绪的波动，我们应当并不陌生。有时，这些情绪的波动甚至可能威胁到我们的心理稳定。探寻我们内心深处的欲望、梦想和动机，使它们从无意识的状态中觉醒，进而让它们变得可以理解，这是一项艰巨的任务。精神分析和其他推论方法并非完美无缺；它们创造了一种新的虚构，一种基于直觉的、关于人们为何做出某种行为的民间心理学叙事。然而，这种谈话疗法无法揭示关系破裂的实际原因；这些问题仍需交付给脑的隐秘区域，在那里，意识无法投射出它的探究之光。

　　所有这些都不是新的。自 19 世纪后半叶以来，潜意识、非意识或无意识——不会直接引发体验的任何加工——已在学术界成为一个引人关注的研究主题。尼采作为首位深入探讨人类无意识欲望暗黑领域的西方重要思想家，揭示出这种欲望常伪装成同情，以统治他人并获取控制他人的权力。弗洛伊德则认为，童年经历，尤其是具有性或创伤特征的经历，深刻地塑造了成年人的行为，而其影响却不为人们所察觉。弗洛伊德的这些观念已深入人心，它们只能慢慢地被更多以脑为基础的概念取代。

　　让我从逸事、自传领域转向更客观的科学领域。此处，我们不讨论那些针对神经症患者的病例研究，这些患者身处上流社会，惯于躺在沙发上，并以每小时 200 美元的费用为代价，不停地谈论自己。反之，我们将关注一组针对大学生的实验，实验参与者每小时可获得 15 美元的报酬。这些实验揭示的结论令人震撼：你的行为在很大程度上受到无意识过程的塑造，而你对这一无意识过程却一无所知。

脑中的僵尸

神经病学和心理学的研究揭示了诸多独特的感觉－运动过程。通过连接各类感觉器官（如眼、耳和平衡器官），这些自主控制机制能够调控人的眼、颈、躯干、手臂、手、手指、腿和脚的动作，助力人们完成日常生活中的种种任务，例如：剃须，沐浴，早晨穿衣；开车上班，敲击键盘，发送手机短信；打篮球；晚间洗涤餐具；等等。弗朗西斯·克里克和我将这些无意识机制称为僵尸行动者。这个僵尸军团协同管理着肌肉与神经间的快速流畅互动，这是所有技能的核心，共同构建了生动活泼的生命画卷。

僵尸行动者类似于**反射**——眨眼、咳嗽、从热火炉缩回手，或因突发声响而惊吓。经典反射快速且自动，依赖于脊髓或脑干中的回路。相较之下，僵尸行为被视为涉及前脑的更灵活、更具适应性的反射。

僵尸行动者执行意识雷达下的常规任务。尽管你能意识到一个僵尸行动者的行为，但仅限于事后的认知。在我最近的一次越野跑中，有个东西禁不住让我向下一瞥。由于我的脑识别出一条在石子路上晒太阳的响尾蛇，而我的右脚即将触及它，我迅速采取行动，使右腿大幅跨出。在我意识到这个爬行动物的存在并感受到随之而来的肾上腺素激增，以及在其向我发出暗示不祥警告的吱吱声之前，我已经避免踩到它，并迅速地跨了过去。如果我要靠有意识的恐惧感来控制我的腿，那我很可能会踩到它。

位于法国布龙的认知科学研究所的行动神经心理学家马克·让纳罗（Marc Jeannerod）通过实验揭示了行动与思维之间的速度差异。研究结果显示，矫正运动的行动相较有意识的知觉提前 1/4 秒展开。以此为例，我们设想一位能在 10 秒内完成 100 米的世界级短跑运动员。当运动员意识到发令枪响起时，他已在起跑架的几步之外。

通过持续的训练，无意识行动可以得到培养和强化。不断地重复特定序列，可使独立成分得以巩固，直至形成顺畅且自动化的连接。训练的深度和频率越高，无意识行动将变得更为娴熟和协调。对于运动员和战士而言，训练能为他们在关键时刻带来至关重要的几分之一秒优势，从而决定成败与生死。

以扫视为例，这是一种快速的眼球运动，借此你可以遍览周边环境。你的双眼交替转动，每秒 3~4 次，每日累计达 100 000 次；此频率大致与心跳相等，然而你却鲜少（或从未）觉知到这些动作。尽管你能有意识地控制眼球，例如将注意力从某人丑陋且干燥的嘴唇移开，或避免吸引乞丐的注意，但这类情况实属例外。

加利福尼亚大学圣克鲁斯分校的心理学家布鲁斯·布里奇曼（Bruce Bridgman）及其研究团队证实，眼睛可以看到心智没有觉知到的细节。在相关实验中，参与者坐在黑暗环境中，注视一个发光二极管。当二极管在此处被关闭，并在另一处被重新开启时，参与者会迅速将目光转向新位置。实验过程中，有时二极管会在参与者目光转移过程中再次移动。尽管参与者并未察觉到二极管第二次移动，但其视线仍能准确落在新位置，即使二极管已发生转移也是如此。这是因为扫视过程中视觉部分中断，导致参与者无法意识到二极管的第二次移动。（这也是为什么你无法察觉到眼睛移动：尝试注视浴室镜子，同时来回移动你的眼睛。）事实上，当二极管向内或向外微调时，参与者很难判断其移动方向，尽管视线仍准确地集中在目标上。

扫视系统对引导视线的目标区域具有极高的敏感度。由于扫视系统具有高度专业化的特点，其固化的行为并不涉及意识层面。若需对每次眼部运动进行觉知并规划，其他任务就将无法进行。请设想这样的持续思考："此刻左转，随后下移，再往那边，接着向下至此！"对此，在尝试把握一系列想法的同时，还需恰当操控十数条眼部肌肉。如果眼部扫视活动能由专门的机制负责，那为什么还要让这些平淡无奇的行为干扰体验呢？

僵尸行动者始终立足于当下。它们不为未来规划。当你在瞬间伸手端起一杯热茶，操控自行车避开突然变向的汽车，准确截住并击回飞来的网球，或迅速敲击键盘时，皆需在即刻采取行动，而非延后数秒。

掌握一项新兴技能，如帆船运动或登山，需经历大量的体能和心智锻炼。在攀岩过程中，你会学习如何将手、脚及身体置于恰当位置，以便于抓住、稳固和倚靠，同时在裂缝中锁定手腕或手指。你会留意裂缝和沟槽，将垂直的花岗岩峭壁变为易于攀爬的墙壁。你需将一系列不同感觉与运动惯例相结合，编织成精细的运动程序。唯有经过数百小时的专门训练，这一系列动作才能变得自动，即俗称的**肌肉记忆**。动作的持续重复调动起一支僵尸行动者队伍，使这项技能变得游刃有余，身体运动更为敏捷，能耗降至最低。尽管从未关注过行动的微小细节，但实际上，这些行动需要瞬间的协调以及肌肉和神经的惊人配合。

在人类的行为中，一些行动始终需保持注意和觉知，另一些行动则是自发且无意识的。当从前者转变为后者时，通常伴随着神经元资源的重新分配，而此过程涉及从前额皮层向基底神经节和小脑的转移。

矛盾的是，一旦习得某些动作，过分关注细节反而可能干扰原本熟练自如的技能表现。例如，在练习足球控球过程中，若过分关注右脚内侧触球那一刻，这种自觉的关注反而可能导致技能水平下降，甚至适得其反。在演奏一首已熟练掌握的乐曲时，最佳选择是"让手指自行演奏"。若试图去觉知流畅动作或思考音符的单个母题及顺序，反而可能弄巧成拙。确实，不妨恭维一下你网球对手的反手回球的优美姿势；当下一次他回球时，他会因关注他的"完美"姿势而将球打偏。

范德比尔特大学的心理学家戈登·洛根（Gordon Logan）和马修·克伦普（Matthew Crump）提出了关于键盘敲击（我们时代的一项基本技能）的悖论。在研究中，志愿者需在三种条件下以日常打字速度在屏幕上敲击文字。首先，为确立基准线，研究人员让志愿者用双手正常输入文字。接下来，在左手试验中，志愿者需抑制右手，仅用左手键入通常在键盘上分配给左手的字母。而在右手试验中，志愿者需让右手仅键入分配给它的字母。例如，若单词"army"在左手试验的显示器上出现，志愿者需键入"a"和"r"，而非"m"和"y"，因为这两个字母应由右手输入。然而，尽管仅输入一半字母，抑制手的自动反应仍具有挑战性，且速度会明显降低。不过，若禁止输入的字母以绿色划线，允许输入的字母以红色划线，志愿者便能轻易抑制左手或右手敲击键盘，且非常迅速。

针对哪个手指输入哪个字母的任务，其具体细节可交由低层次的运动习惯来完成。使那种知识变得有意识反而会抑制行动，实则费力不讨好。不过，若敲字僵尸读取的输入内容已被标记为"请勿键入"，那么就没有必要再挖掘这些信息；而且，手部的操作也可以适时停止，避免影响整体键入速度。为了对抗这种**压力下的滞塞**，教练和训练手册会提醒你放空内心。这有助于腾出你内在的僵尸，它是相当有益的。

在《箭术与禅心》这部禅修领域的经典之作中，奥根·赫立格尔（Eugen Herrigel）以严谨的态度探讨了剑术的艺术。在该书的结尾部分，他对剑术的内涵进行了深入的剖析：

> 学生必须培养全新的感官，或者说，对他所有感官的全新警觉，以便规避潜在的威胁。仿佛他能够预感到危险的到来。一旦掌握这种规避的艺术，他便无须再关注对手的动作，即便对手众多亦然。准确地说，他能够预见到即将发生的事情；在同一时刻，他已经避免受其影响，他的觉察与闪避之间没有"一线之隔"（a hair's breadth）。因此，这才

是关键：如闪电般的反应，这种反应无需进一步的
有意识观察。如此，学生至少使自己独立于所有有
意识的目标。这是一项伟大的成就。

神经心理学家梅尔文·古德尔（Melvyn Goodale）和戴
维·米纳尔（David Milner）共同研究了一名在一场致命的
一氧化碳中毒事故中丧失大部分视力的患者。该患者被确诊
为视觉失认症（visual agnosia），即她无法识别物体、分辨
物体的形状或方位（尽管她能看到颜色和纹理）。事故导致
她的部分视觉皮层缺氧，并杀死了那里的神经元。因此，她
无法将水平线（如信箱中的槽）与垂直线区分开；对于她而
言，它们看起来是一样的。然而，当她需要将信件放入槽内
时，她会毫不犹豫地执行这个动作，无论槽的倾斜方向是水
平的、垂直的，还是介于二者之间都是如此。尽管她并未觉
知到槽的方位，但她的视觉‐运动系统获取了这一信息，并
能够在不摸索的情况下，顺利地引导手部运动。同样，当这
位女士需要抓取面前的物体时，即使她无法表述出她所持有
的是一根长玻璃笛还是一个大杯子，她也能准确且自信地完
成。她失去了负责识别物体的一部分视觉皮层，但调整手和
手指方位与形状，以及引导手和手指运动的脑区仍然功能
完好。

实验证实了早期临床研究的结果，研究者据此提出了存

在两个不同视觉加工流的观点。这两个视觉加工流均起源于初级视觉皮层，但随后会分离，支配皮层中专门负责高级视觉和认知功能的不同区域。一条通道自 V2 区和 V3 区延伸至颞下皮层和梭状回，这条通道涉及**知觉**、**腹侧**或**内容**（what）方面。另一条涉及**行动**、**背侧**或**空间**（where）方面的通道，将数据传输至后顶叶，即皮层内的视觉–运动区。通过对该单一患者视觉–运动技能及缺陷的严谨分析，米尔纳和古德尔推断，患者的**内容**通道（即调整有意识的物体视觉）因窒息而受损，而其**空间**通道（即指导手和手指行动）基本保持完好。空间通道的目的并非深思熟虑，这是某些前额叶结构的功能，而是指导行动。脑通过众多交叉连接将这两条通道紧密整合；脑的所有者甚至未曾意识到，他所体验到的无缝结合实际上是由两个或更多信息流构成的。

社会无意识

作为高度社会化的生物，人们热衷于名人、八卦秀和八卦杂志，以及充斥着最新闲谈和照片的网站，人们对党派、风流韵事、暗箭伤人、密谋、婚外私生子等话题也趋之若鹜，这充分体现了人们对他人行为的窥探欲望。如果你认为人类是高高在上的，那就看看谷歌的 Zeitgeist 档案中排名前十的搜索条目吧。电影和流行歌手、乐队、顶级运动员和当前的政治事件是人们津津乐道的话题，其中既没有关于科学家的，也没有关于科学发现的（这是在最受欢迎的搜索词，也就是那些与性有关的搜索词已经被过滤掉之后得出的结论）。

无人可独立存在。即使是隐士，亦需通过与他人之关联来确立自我；这种界定过程即便非真实相处，亦可通过阅读、观影或观剧来实现。

你可能与我年轻时一样，热衷于坚信自己的有意识意图和深思熟虑的选择主导着与家人、朋友及陌生人的互动。然而，数十年的社会心理学研究证实，实际情况恰恰相反。你的交往很大程度上受到认知范围之外的力量的控制，受到无意识欲望、动机和恐惧的驱使。

美国心理学之父、小说家亨利·詹姆斯的哥哥威廉·詹姆斯主张，对某种行为的思考或观察将促进从事该行为的倾向。**动念动作**（ideomotor action）的原则源于大脑皮层内知觉与行动表征部分重叠的自然现象。猴脑中存在的镜像神经元证实了行动的知觉与该行动的实际执行之间密切关联的观念。

观察他人进食，会激活你自己进食时被触发的脑区，尽管这种激活程度较低。目睹他人陷入困境，也会让你产生一定的紧张感。而当有人对你微笑时，你会感受到愉悦。当你对某人有好感时，你会不自觉地模仿对方的举止和言辞。在下次与朋友相聚咖啡馆时，你便可观察到这一现象。你们两人皆以相似的姿态倚靠在桌子上，头部朝同一方向。当你轻声交谈时，朋友也会效仿。当他抓挠头皮时，你亦然。当你打哈欠时，他亦然。行动的相互性有助于增进人际关系的融洽。

无数多样性因素会对你与他人的日常互动产生影响。他们的年龄、性别、族裔、着装、举止以及情绪表达都会在你心中留下深刻印记，进而影响你与他们接触、交谈以及评判他们的方式。这些因素均未经有意识审查，因此"第一印象"显得尤为关键。

部分人针对特定群体表现出显著的、通常为负面的观点，如"自由主义者鄙视国家""基督徒热衷于反科学""黑人倾向于好斗""老年人生活乏味"等。这类偏执者基于他们的偏见做出决策。然而，即使竭力避免刻板印象化（stereotyping），我们也难以摆脱无意识的偏见和预设。作为文化和成长环境的产物，我们从童话、神话、书籍、电影、游戏，以及父母、玩伴、教师和同龄人那里吸收了某些内隐判断。若对此存疑，可尝试进行**内隐联想测验**（implicit association test；推荐哈佛大学的版本，网上可查阅）；在这种测验中，你需要尽可能迅速地回答一系列问题。该测验以一种难以操控或撒谎的间接方式，衡量了你对待特定宗教、性别、性取向或族裔的偏见程度。

鉴于两点原因，无意识的偏见相较有意识的偏见更具危害性。

首先，无意识倾向具有普遍性和自动性，一旦相关触发因素出现，它们便会激活。这些倾向力量强大，并为整个社会所共享。

回顾一下历史，1941年12月7日，日本海军突然袭击了美国太平洋舰队驻扎的珍珠港；2001年9月11日，"基地"组织对世贸中心和五角大楼实施突然袭击。这两起重大灾难均源于保卫国家的相关部门在情报工作上的严重失误。学术和新闻调查揭示了诸多线索，这些线索在袭击发生前数日、数周乃至数月就已浮现，指向即将到来的攻击。在"9·11"事件中，情报部门曾多次就本·拉登构成的威胁向管理部门发出警告，但终究未能阻止悲剧发生。

为什么？众多政府事务委员会和书籍均得出了相近的结论。此现象涉及多个层面的疏忽。然而，相较个人未能关注这些警示，更为危险且普遍的是人们内心所潜在的显性或隐性的种族优越感和文化傲慢态度。在多次国会调查中，海军上将金梅尔（太平洋舰队指挥官）一度疏忽地明确表示："我从未认为，那些黄色的小个子能从遥远的日本实施此类攻击。"50多年后，国防部副部长沃尔福威茨同样对对手不屑一顾，将本·拉登贬称为"这个阿富汗境内的小恐怖分子"。普遍的刻板印象误导了当权者："那些居于洞穴、头裹毛巾的无知之人怎么可能对美国构成威胁，毕竟美国是这个星球上最强大的国家。"此类思维偏误的其他实例还包括雷曼兄弟破产的事件，以及2008年9月金融市场几乎崩溃的事件。对此，人们普遍认为投资风险是可以掌控的，并且可以通过适当的金融工具规避这些风险；然而最终，这些金融工具却导致了全球经济衰退。

在政治或经济利益的驱动下，人们可能会有意地调整自身的无意识倾向。例如，在民主国家中，重大选举开始之前的数月，媒体上充斥着浅薄和愚蠢的言论；尽管如此，它们仍具有一定的影响力。我们如此沉迷于广告产业的产品，以至于逐渐忽略了它们的存在。然而，这一现象有其合理性：2010年全球广告产业投入了近5 000亿美元，旨在影响消费者的购买决策，可见其影响力的确不容小觑。

其次，由于法律和公众意识运动能够消除公然的歧视，解决无意识偏见问题将更加棘手。当人们尚未认识到需要改变的事物时，如何去改变它们呢？

如果你不确信，那么考虑一下耶鲁大学约翰·巴奇（John Bargh）的实验所揭示的**社会启动**（social priming）的强大影响力。在实验中，图片、声音或词语会对后续的刺激处理产生影响。假如你与我协同进行一项实验，并通过喊出我将指定的物体的颜色来验证社会启动现象，那么你将亲身体验到这一现象。尽管放心大胆地尝试，大声喊出这种颜色的名称，你会发现这个过程颇为奇妙。现在，让我们开始：

空白纸是什么颜色？婚纱是什么颜色？雪是什么颜色？蛋壳是什么颜色？

现在，无须考虑，脱口说出"奶牛早餐喝什么？"这个问题的答案。

如果你与大多数人一样，你会想到或说"牛奶"。过一段时间，你就会认识到这完全是胡说八道。对"白色"的重复调用触发或启动了与其他白色事物相关的神经元活动，可能最关键的是突触活动。如果你被要求说出一种与奶牛和早餐有关的液体，那么你就会自动地想到"牛奶"。

巴奇想启动大学生有关"无礼"和"有礼"的概念。他采取的方法是要求他们根据一系列词语生成相应的句子，表面上旨在检验他们的语言能力。其中一组学生使用诸如"大胆""无礼""打扰""侵扰""无耻""冒犯"等词，另一组则使用意义相反的词，如"尊重""耐心""谦让""有礼貌"。任务完成后，参与者被告知需在走廊寻找另一位实验者。然而，实验者伪装成与同伴交谈的样子，使得参与者不得不等待。

巴奇及其研究团队秘密计算了受试者在启动效应下打断谈话的时间。令人意外的是，以礼貌用词启动的受试者表现出极大的耐心，等待时间超过9分钟才中断对话；相比之下，以无礼用词启动的受试者在仅仅 5 分钟后便急于插话。所有参与者都毫不怀疑，词语的使用和听取对他们的等待时间产生了影响。这个实验的结论证实，听到或使用的词语确实塑造了行为。然而，这个结论对于我的祖母一代而言并无新颖之处，她们一贯强调：谦逊有礼的行为会以潜移默化的方式带来回报。

这种技术的一个变体是测量针对老年人的偏见。在巴奇的实验中，参与者需使用一些触发老年人刻板印象的词语，如"衰老""孤独""健忘""拘束""皱纹满面""过时""无助"等，而对照组需用中性词语构造句子。研究者巧妙地通过秘密记录参与者从测试地点到电梯（约 10 米距离）的行走时间来探究老年偏见。以"老年"概念启动的参与者平均耗时 8.28 秒，比未接触相关词语的组别多花费 1 秒。这是一个虽小但真实的结果。在实验过程中，研究者并未暗示参与者这些词语会导致他们行走速度减缓。倘若无意识地阅读与自身无关的词语会让人减速，那么当朋友或伴侣告知你正在衰老时，你的反应又将如何呢？因此，言辞需更为委婉。

自助运动主张，积极乐观的态度会对个体行为产生重要影响。乐观思考虽然无法直接治愈癌症，但有助于塑造个人的行动方式。因此，我乐于安于现状并积极行动，这通常为美国人，特别是主动选择移民到西海岸的人群所信奉。他们深信，只要有强烈的愿望、努力、奉献以及明智的技术应用，几乎任何目标都是可以实现的。我赞同这种进取态度。倾其所有，虽败犹荣；因惧于败而畏于行，乃人性之大谬矣。

无意识加工的一个显著特征是，它常常受到一些人的否认，包括年轻时的我自己。这种本能的抵触情绪在学者中尤为明显，因为他们通常认为自己比其他人更客观、更公正。在录用和指导过程中，教授通常会尽力避免性别和种族偏见。然而，在涉及政治和宗教时，学者的宽容度往往会降低，他们往往将那些少数群体所持有的观点归咎于保守派或虔诚的信徒。对于大多数宗教，尤其是基督教，他们普遍存在一种能勉强控制住的蔑视态度。这种态度使得许多大学生在表达宗教情识时感到不自在。

关于无意识的重要性，你可能会以两个观点作为反对的理由。首先，接受无意识可能意味着失去对自身行为的控制。如果你在某种情况下并未做出决定，那么究竟是谁在操控你的行为呢？是你的父母，还是那些你热衷于消费其产品的媒体，抑或是你的朋友和同行？其次，由于你并未意识到无意识偏见的存在，你就无法确认自己是否存在这种偏见。你无法回忆起自己曾暗中根据肤色、性别或年龄对他人做出评判。当有人指出这样的例子时，你可能会找出一系列模糊且看似合理的理由来解释你为何会以这种方式评判那个人——但你不会觉得自己在歧视这个人。这或许有些奇怪，但这就是心智运作的方式。

为了进一步强调这一观点，我可以提供一个关于**选择盲**（choice blindness）的实例。在瑞典隆德大学进行的一项实验中，100多名学生被要求比较两张年轻妇女的头部特写照片。实验者将两张照片并排拿在手中，学生们需要在几秒钟内准确判断哪张照片更具吸引力，并指出相应的照片。在学生们做出选择后，照片会被暂时移出视线。随后，学生们会再次看到他们认为更漂亮的那张脸，并被要求解释他们的选择。然而，在一些试次中，实验者使用了花招，即在要求学生解释选择之前，交换了照片。尽管两张照片中的女子完全不同，但大部分学生没有察觉到这一点。只有1/4的学生发现照片已被交换，即他们所看的照片并不是他们之前挑选的那张（在这些情况下，实验会立即停止）。其他学生则乐于证明他们"选择"的合理性，即使这与他们仅在几秒钟之前做出的决定相矛盾。例如，他们可能会说："她看起来容光焕发。在酒吧里，我更愿意接近她而不是别人。我喜欢她的耳环。"然而，他们所选择照片中的女子看上去很庄重，并没有佩戴耳环。

选择盲不仅涉及约会方面，还与整个生活有关。通常情况下，我们并不清楚自己为什么会做出某些选择。但是，我们往往会有强烈的冲动去解释这些选择，甚至会迫不及待地编造故事来证明这些选择的合理性。然而，我们并没有意识到自己正在进行虚构。

一些心理学家认为，一个封闭但功能强大的脑拥有巨大的加工资源，这些资源可以被进一步利用。他们认为，当需要做出涉及多个竞争因素的决定时，无意识加工实际上比有意识思考更为优越。以选择租赁哪种公寓为例，这涉及诸多因素，如租金、有效期、大小、位置、合同期限以及房间情况等。根据**无意识思维理论**（unconscious thought theory），在获取所有相关房屋信息后，在做出租哪处房屋的决定之前，人们并不会试图反省这些信息，而是将注意力转移到其他事物上，例如解决一个字谜游戏。因此，不需要过度操心这个问题，可以尝试转移注意力，而你不可见的脑会为你解决这个问题。

这类建议已经引起公众的广泛关注，因为它们声称能够发掘潜意识心智的巨大力量。然而，许多相关实验的严谨性有待提升，它们的统计显著性较低且缺乏有效的对照组。在人类研究中，这类实验的缺陷是不可避免的，因为很难对受试者的遗传、环境、饮食、身体活动等因素进行恰当控制。对数据更谨慎的解读是，迅速形成印象并做出有意识的决定，可能比事后无休止地对第一眼的评估进行反复推敲要好。因此，做出决定，相信自己的判断，并坚定地执行下去。

基于方法论和理论上的理由，我对研究者所宣称的无意识的优越性持怀疑态度。历史上许多灾难性后果的例子，恰恰是由人们普遍接受的无意识偏见造成的。在现实生活中，决策过程总是掺杂着有意识和无意识的过程，而一些决策更依赖于意识或无意识。我还没有看到有令人信服的证据表明，人们可以成功地进行"如果—那么"式的命题推理、复杂的符号操作或意外事件的处理，而无须进行有意识的、深思熟虑的、耗时的、紧锁眉头的思考。否则，我们都会成为爱因斯坦。这个结论也与千年的传统教诲是一致的，它要求在做出任何重大决定之前要进行自我检查，要进行理性的、冷静的思考。

无意识无处不在的影响对于我的探索意味着什么？

醒来后，你的意识需要几秒钟才能启动。一旦你确定了自己的方向，它就会提供一个稳定的界面和一个令人眼花缭乱的丰富世界，没有冻结或烦人的蓝屏死机，不需要你的脑重新启动。像任何好的界面一样，真正的工作发生在表面之下。从你的眼睛捕捉到反射的光束，到你感知一个美丽的女人，这其中经历了各种各样的过程。

理解无意识的重要性既是心理学和神经科学领域所面临的一项挑战，也是对个人生活的理解的重要方面。由于无意识在行为决策中发挥着重要作用，如果不了解这一点，就无法真正理解自己的行为，也就无法进行有效的自我改善。我们在此评论的材料并未暗示无意识具有巨大且尚未被开发的力量，可以解决诸如爱情、家庭、金钱或职业等问题。这些问题需要经过深思熟虑、训练有素的行为和长期养成的习惯来处理。这可能是一个令人失望的消息，因为许多人可能希望通过简单的解决方案来解决问题。

我的研究旨在探究意识而非缺乏意识的状态。相较意识，无意识的处理过程显得更为直观和明确，因为计算机同样可以执行无意识的处理任务。尽管意识如何进入世界仍然是一个未解之谜，但在我看来，广泛存在的僵尸行为以及无意识的欲望和恐惧对于我的研究具有重要的意义，具体原因有三。

第一，这个问题引发了一种担忧，即我们的工作可能存在一些本末倒置的情况。如果潜心智领域（即非意识）是如此广泛且复杂，那么我们的脑及其大部分活动可能与意识完全无关。

确实如此！我一直在煞费苦心地指出，与视觉意识相关的神经系统不在脊髓、小脑、视网膜或初级视觉皮层。我怀疑，在大脑皮层的高级视觉区和前额叶，大部分神经元是配角。也许只有由长距离锥体神经元组成的细长神经元，相互连接前方和后方，才能使意识内容得以产生。如果给我一个数字，我会猜测，在任何给定的时间里，只有一小部分神经元活动直接参与了有意识知觉的构建。对于意识而言，那些永不停歇的神经元活动（它们往往是脑健康和清醒的标志）中的绝大部分只起一种次要作用。

考虑到意识的底层机制可能与遗传机制之间存在一定的类比关系（虽然这种类比并不完美），我们可以将它与细胞传递信息给其后代的过程进行比较。在遗传过程中，细胞通过一系列复杂的生物化学过程，包括 DNA 复制、转录和翻译，将信息传递给后代。这些过程涉及数百个特定的生物化学小体，如 DNA、tRNA、mRNA、核糖体、支架和中心体等。然而，细胞的详细指令或蓝图却存储在 DNA 的单一双链分子中。每个细胞由数百万个极长且稳定的分子组成，如果序列中存在一个拼写错误，细胞的功能就会受到严重的影响。对于意识的底层机制，我们也可以观察到类似的特性。例如，敲除皮层－丘脑神经元联合体中的任何一个成员，可能会对相关的有意识知觉印象或想法造成微小的扰动。这种扰动可能不会立即显现，但可能会对个体的行为和决策产生长期的影响。

第二，对于意识研究者来说，僵尸行动者的存在使研究工作变得更加复杂和困难。因为它们要求我们将行为与意识相分离，这是一个挑战。有目的的、常规的、快速的行动本身并不意味着存在情识。例如，当某人进入病房时，一个受伤严重的病人可能只是转动了一下眼睛，仅凭此一点并不能确定他是否具有情境觉知。同样的情况也适用于早产儿、

狗、老鼠和苍蝇等生物。一个生物的刻板行为并不能保证它
具有主观状态或现象体验。因此，要判定一个有机体是否具
有现象体验，需要更多的信息和证据。

第三，僵尸惯例的普遍存在使得我们能够缩小意识的神
经相关物这个问题的范围。我们需要探讨的是，真正的差异
究竟在哪里？米尔纳和古德尔提出的问题是否只是关于大脑
皮层的恰当区域被激活的这样一个简单问题？背侧区是否只
服务于无意识行动，而腹侧区是否只服务于有意识视觉？或
者，两者都涉及相同的回路，差别仅在于加工模式？

弗朗西斯和我认为，短暂的神经活动（即迅速离开视网
膜、穿越皮层视觉－运动区，并传递至运动神经元的神经活
动）对于意识来说是不充分的。这就需要一个单一的皮层－
丘联合体建立主导地位并能暂时维持自身，类似于物理学中
的驻波。我将在第九章进一步探讨如何利用工程小鼠来防止
主导联合体的形成。

我在《意识探秘》（2004）一书中探讨了心身问题的一
个关键方面，即脑在其行动中的自由度问题。自由意志是一
个深奥且独特的哲学主题，其根源可追溯至古代。这是我们
每个人都会面对的一个主题。令人惊讶的是，这个问题的一
个关键方面被归结为知觉意识的问题。在我看来，这是在最
具争议之一的形而上学问题上取得的重大进展。

第七章

　　我将不顾警告，提出自由意志即"尼伯龙根的指环"问题，以及物理学对决定论的看法。我将解释心智在选择过程中的局限性，并阐述你的意志实际上是在脑做出决定之后才产生的。此外，我将阐明自由只是感受的另一种表述方式。

你看，只有一个不变的事物。一个共相。它是唯一真正的真相。因果性。行动，反应。原因与结果。

——墨洛温（Merovingian）

《黑客帝国：重装上阵》（2003）

在宇宙的一个遥远角落，在银河系一个不起眼的外围区域，在一颗围绕着平淡无奇的太阳旋转的小小蓝色星球上，有机体从原始的泥浆和淤泥中产生，在一场跨越亿万年的史诗般的生存斗争中延续着。尽管所有的证据都与之相反，但这些两足生物认为自己拥有非凡的特权，在由无数颗恒星组成的宇宙中占据独特的地位。他们如此自负，以至于相信他们——而且只有他们——能够逃避统治一切的铁的因果律。他们之所以认为能做到这一点，是因为他们有一种所谓的自由意志，这种自由意志允许他们在没有任何物质原因的情况下行事。

你是否具有行动的自由？你能做出或说出不直接受你的天性和环境影响的事情吗？你是否自愿地选择阅读这本书？这种感觉就像你在面对利益竞争，例如吃午饭或给朋友发短信时，自愿决定翻阅这本书。然而，这就是故事的全部吗？是否存在影响你的外部原因，例如一项课堂阅读作业或朋友对其流畅风格的称赞？你可能认为这些原因是不充分的，还有一些因素一定会介入，比如你的意志。然而，预定论（predestination）及其世俗的表亲——决定论主张，你不能以任何其他方式行事。在这个问题上，你没有真正的选择。你是绝对暴君的终生的契约劳工。你从未拥有午餐的选择权，且从一开始就注定会阅读我的书。

自由意志问题并不仅仅是哲学上的空谈，它还是引起人们极大兴趣的形而上学问题。作为责任、赞扬和批评、判断行为善恶的社会观念的基础，它对于人类生活具有深远的影响。最终，自由意志问题关乎我们能够对自己的生活施加多大程度上的控制。

你与心爱的伴侣共同生活。然而，一次短暂的邂逅，尽管只是几个小时的交流，却可能让你的生活发生翻天覆地的变化。这种变化导致你对一切产生怀疑，甚至选择搬离。在电话中，你们畅聊数小时，分享彼此最深层的秘密，开始了一段浪漫的恋情。你深陷其中，感受到强烈的情感冲击，如同一种令人陶醉的灵丹妙药。然而，你也清楚地认识到，从伦理角度来看，这段关系是不正确的。它可能会对许多人的生活造成严重的干扰，无法保证未来的幸福和成果。然而，你内心深处却渴望改变。

这种让你内心波涛汹涌的选择，引发了一个根本性的问题：在这件事上，你究竟有多少决定权？你是否只是在遵循演化的指令，即你的 DNA 所驱使的古老过程，去寻找新的传播自己的途径？你的荷尔蒙和生理冲动是否已经剥夺了你的自由选择？你深感自己理论上能够结束婚外情并回归家庭，你却始终未能实现这一目标，尽管多次尝试。你明知故犯地驶向了完美风暴的边缘，破坏了那艘曾陪伴你平稳度过的婚姻之船。

自由意志是一个备受争议的学术议题，其支持和反对的论据均存在诸多难以理解之处。在深入思考这些问题时，我未将注意力过多集中在哲学辩论上，而是更专注于物理学、神经生物学和心理学等领域，因为这些学科已经为这一古老难题提供了一些有价值的见解。

关于自由的强立场与实用立场

首先，让我们对自由意志进行严谨的定义：在同等情况下，如果个体原本有能力选择或采取不同的行动方案，这个个体就被认为具有自由意志。同等情况不仅指外部环境的相同性，还需要考虑个体内部脑状态的一致性。这就是**强立场**，或称**自由主义**或**笛卡儿式**的立场，因为这一观点由笛卡儿明确提出，并在后续讨论中多次涉及。此外，具有大写字母"W"的 Will（意志）被视为一种实在。

想想《黑客帝国》中的一个场景：尼奥必须决定是吞下墨菲斯（Morpheus）给他的蓝色药丸（它承诺让他获得无知的幸福），还是吞下红色药丸（它会痛苦地唤醒他，让他进入惨淡的现实）。尼奥对红色药丸的自由选择意味着他能够同样容易地选择蓝色药丸，而这会让我们失去近年来最吸引人的一部电影。坚强的意志意味着尼奥可以选择蓝色药丸，即使他的欲望、恐惧和想法，他的脑和环境中的一切都与红色选择完全相同也是如此。

我最近在为洛杉矶联邦地区法院的陪审团服务。被告是一个有大量文身的街头帮派成员，他走私和贩卖毒品。他被指控谋杀一名帮派成员，向其头部开了两枪。尽管这次审判迫使我突然暂停我的生活，去聆听法庭的呈堂证供，但这次经历大大开阔了我的视野。它以令人毛骨悚然的细节揭示了围绕枪支、毒品、现金、尊重和名誉的帮会生活。街头帮派所栖身的世界与我的家庭、朋友、同事和我在其中受到恩惠和荫庇的世界相平行。这些世界，仅仅相隔几里，却鲜有交集。

当执法部门、亲属以及现在和过去的帮派成员——他们中的一些人戴着手铐、脚镣,穿着亮橙色的囚服作证——陈述犯罪背景时,我想到了塑造被告的个人和社会力量。我们不禁思考:是不是他受到的暴力式教养导致他不可避免地杀人?幸运的是,陪审团并没有被要求去回答这些无法解决的问题或去决定对他的惩罚。我们的职责仅仅是基于合理怀疑之外的证据,判断被告是否犯下了被指控的罪行,以及他是否在特定的时间和地点射杀了一个特定的人。这是我们所能做的。

除了徒增最终没有结果的争论,自由的这个强定义毫无帮助,因为在实际生活中,我们无法回到过去并做出不同的选择。正如古代的圣人赫拉克利特所言:"你不能两次踏入同一条河流。"可是这种笛卡儿式的意志观是大多数平民百姓所信奉的。它与灵魂的想法密切关联。灵魂就像《哈利·波特》中格兰芬多学院的幽灵——差点没头的尼克(Nearly Headless Nick)一样,盘旋在脑的上方,自由地选择这样或那样的方式,让脑按照自己的意愿行事,就像司机开车沿着这条路或那条路行驶一样。

与自由的强主张相比,存在一个更为实际且被广泛接受的观点,称为**相容论**(compatibilism)。这一观点在生物学、心理学和医学领域占据主流地位。根据相容论,当一个人能够按照自己的意愿和偏好行动时,他就被认为是自由的。同时，决定论与自由意志并不冲突，而是相互兼容。只要个人不是处于不自主的痛苦挣扎中，或者没有受到其他人的不当影响，他就是自己命运的主宰。以一个长期吸烟者为例。他尽管想要戒烟，但总是无法成功——他的愿望为烟瘾所挫败。根据相容论的定义，这种状态下的吸烟者是不自由的。实际上，很少有人能够完全实现自由。重要的是，相容论并不依赖于超自然的实体，比如灵魂。相容论所指的自由，完全源自这个世界的所有事物。

我想到了圣雄甘地，他是一个非常独特的人物；为了更高的道德目的，他能够坚定地克制自己的进食，持续数周。另一个极端的自我控制的例子是佛教僧侣释广德。1963 年，他为了抗议南越的专制政府而自焚。这个事件被拍摄成了一些令人难以忘怀的照片，它们仍然是 20 世纪最易辨认的形象。这些照片的非凡之处在于，释广德在燃烧至死的过程中，始终保持着冥想的莲花坐姿，没有颤抖一下肌肉或发出任何声音。

对于我们这些尽力避免选择甜点的人来说，自由始终是一个程度问题，而不是我们确实拥有或不曾拥有的绝对美好。

在被告无法自由行动的情况下，刑法会考虑减轻其责任。例如，当丈夫发现妻子与其情人在一起时，他因愤怒而打死了妻子的情人，这种行为相较他数周后冷静、预谋地报复并杀死对方，其罪责要轻。以冷血方式射杀 60 多人的妄想型精神分裂症患者，由于"精神错乱"，被认定为"无罪"并被送往精神病治疗机构。如果没有这些情有可原的情况，被告将被认为应该接受审判。当代社会和司法系统就建立在这样一种实用的、**心理学层面**的自由概念之上。

理查德·瓦格纳的不朽作品《尼伯龙根的指环》是一部大型歌剧，包括四个部分，主要探讨了命运与自由之间的冲突。其中，英雄齐格弗里德（Siegfried）不受恐惧或社会道德观念的束缚，杀死恶龙，穿越火山向布伦希尔德（Brünhilde）求婚，打碎沃旦（Wotan）的长矛，摧毁诸神世界的旧秩序。齐格弗里德的行为并不遵循律法，而是受内心的欲望和冲动驱使。尽管他追求自由，但他的行为是盲目的，并不理解其后果。[从遗传和发展角度来看，齐格弗里德可能存在杏仁核损伤，导致他不知道恐惧；他的腹内侧前额皮层可能受损，使他无法做出决策。他的父母是兄妹，他是孤儿，由一个痴迷金子、爱吵架的小矮人抚养长大。他在孤立的日耳曼森林深处长大，缺乏社会技能，最终导致他谋杀了哈根（Hagen），一个他信任的朋友。]接下来是歌剧的女主角布伦希尔德，她通过自我牺牲，自由且有意识地开辟了人类的新纪元。从相容论者的角度来看，齐格弗里德和布伦希尔德都是行动自由的。

然而，我渴望进行更深入的探索。我渴望揭示这类"自由"行动的潜在原因。在日常生活中，你无时无刻不在面临一系列的选择挑战——选择穿哪件衬衫，选择听哪个电台，选择点哪道菜，等等。根据我在上一章所报告的证据，你应该已经意识到：你的大部分行动避开了有意识的内省和控制。你的自由受到了习惯和你过去所做的一贯选择的限制。容纳和引导你的意识之流的真正河床，正是由你成长于其中的家庭和文化形塑的。你"自由"付诸行动的欲望和偏好似乎是完全被决定的！

相容论者的自由观留下了不安的残余，引发了一个让人无法释怀的疑问。虽然缺乏明显的内部或外部强制对于自由是必要的，但这并不能保证强意义上的自由。考虑到所有来自天性、教养和环境中随机因素的影响，我们还有机动的余地吗？难道我们不是这些限制的彻底的奴隶吗？因此，相容论似乎相当于弱化的自由。我们的概念挖掘工作是否已经触及决定论的底层基石？

那么，物理学对此有何见解呢？

经典物理学与决定论：钟表宇宙

1687 年，牛顿正式出版了他的杰作《原理》，这是人类理解宇宙过程中的一个里程碑。它阐明了万有引力定律和三大运动定律。牛顿第二定律把作用于孤立系统（一个在绿色毛毡桌上滚动的台球）的力与它的加速度联系起来，也就是说，与它的速度变化联系起来。该定律所产生的影响极为深远，因为它揭示了在任何特定时刻，构成一个实体的所有组分的位置、速度以及它们之间的力，都是不可更改的；而且，这些因素将决定该实体的命运，即其未来的位置和速度。在这个过程中，没有任何其他事物介入，也没有任何其他事物是必需的。因此，这个系统的命运是密闭的，直到时间的尽头。

无论是从树上掉落的苹果、月球绕地球运行的轨道，还是银河系中心数十亿颗恒星的运行，牛顿定律全都适用。这个定律支配着所有这些系统的运动；只需要知道这些系统所受到的力和其当前的状态，物理学家就可以预测未来任何时间点该系统的状态。

这是**决定论**（determinism）的核心思想。当行星在围绕太阳的轨道上运行时，其质量、位置和速度是决定其未来位置的关键因素。只要考虑了作用于行星的所有力，就可以精确地预测从现在到未来任意一段时间内它们的位置。如果将宇宙视为一个整体，牛顿定律也将占据主导地位。法国数学家拉普拉斯是这一观点的最有力支持者，他在 1814 年写道：

我们可以把宇宙现在的状态看作它过去的结果

和它未来的原因。一个在特定时刻能够掌握自然界运动的所有力量以及构成自然界的所有物体的位置的智者，如果其智慧具有足够广度从而可以解析这些数据，那么他将能够将宇宙中最大物体与最小原子的运动纳入一个公式之内；对于这样的智者而言，不存在任何不确定性，未来如同过去一般清晰呈现在其眼前。

一旦宇宙启动，其运动就像一只精密的钟表，按照既定的轨迹不可逆转地前行。对于一台全知全能的超级计算机来说，未来的图景清晰可见。在物理定律的框架之外，不存在任何自由意志。你内心所有的挣扎，不论其性质如何，在宇宙的宏大背景下都是零。当宇宙的初始条件被设定时，你未来的一切行动结果就已经被确定。

在 11 世纪的波斯，天文学家、数学家和诗人莪默·伽亚谟在其《鲁拜集》中以坦诚的态度表达了上述观点：

> 人称天宇即是覆碗，
>
> 我们匍匐在此生死，
>
> 莫举手去求它哀怜——
>
> 它之无能犹如你我。

在 19 世纪末，由于法国数学家亨利·庞加莱的研究，人们开始认识到这台巨大的机器并非如预期的那样具有可预测性。无论真实与否，数字计算机都揭示了确定性混沌（deterministic chaos）的本质，这彻底颠覆了"未来可精确预测"的观念。气象学家爱德华·洛伦茨在求解描述大气运动的三个简单方程式时，发现了这一点。当输入的初始值存在微小的差异时，计算机程序的预测结果会产生巨大的差异。这是混沌的标志：方程式初始点中无限小的扰动会导致极其不同的结果。洛伦茨以蝴蝶效应（butterfly effect）这个术语来形容这种对初始条件的极端敏感性。这就像蝴蝶翅膀在大气中的扇动所产生的涟漪，人几乎感觉不到，但最终却能在别的地方改变龙卷风的路径。

股票市场是一个典型的混沌系统的例子。微小的扰动，如关于公司董事会议室冲突的传言或遥远地区的罢工，都可能以不可预测且复杂的方式对公司的股票价格产生影响。混沌理论也解释了为什么精确的长期天气预报难以实现。

牛顿和拉普拉斯暗示的钟表宇宙的缩影是天体力学。在形塑太阳系的云团的初始旋转的推动下，行星在万有引力的测地线上巍然屹立。然而，当20世纪90年代计算机建模发现冥王星的轨道是混沌的，且存在数百万年的分叉时间时，这让天文学家非常震惊。由于这种混沌性，天文学家无法准确预测从现在起1 000万年后冥王星相对于地球的位置是在太阳的这一边还是那一边。

若此不确定性适用于内部结构相对简单的行星——该行星在单一力（引力）的作用下于真空中运行——那么对于人、小型昆虫或精巧的神经细胞（均受无数因素影响的实体）的可预测性而言，这又意味着什么呢？

请考虑一个场景：数百只基因完全相同的果蝇处于塑料管中，在一种 12 小时光亮－黑暗循环的环境中孵化。果蝇的行为具有随机性，即使在实验室条件得到严格控制的情况下也是如此。当这些果蝇被释放到一个迷宫，并接近一个分叉点时，一部分果蝇选择了左分支，一部分选择了右分支，也有一些转过身，返回了起点。还有一些果蝇则选择原地不动，无法做出决策。未来的生物学家也许能够预测在这种情况下果蝇种群的整体行为，但要预测任何一只果蝇的选择，将如同预测一只股票的命运一样困难——这都是由于相同的根本原因，即确定性混沌。

尽管蝴蝶效应会对某些局部现象产生影响，但它并不会导致自然界的因果律失效。尽管行星物理学家并不十分确定冥王星在久远的未来会处在哪里，但他们确信冥王星的轨道始终受到重力的束缚。瓦解混沌性的并不是行动和反应的链条，而是可预测性。宇宙仍然是一只巨大的钟表，即使我们无法确定一周后分针和时针将指向哪里也是如此。

对于生物学而言，情况同样如此。任何细胞器，无论是细胞的突触还是细胞核，都是由大量悬浮于水溶液中的分子构成。这些分子以一种难以被精确理解的方式不断地相互碰撞和移动。为了应对这种**热运动**（thermal motion），物理学家依赖于概率论这一工具。然而，分子过程的随机性并非微观尺度上的决定论的瓦解所致。实际上，大量分子的运动无法被追踪的原因有很多。根据经典物理学定律，毫无疑问，如果能够确定所有分子的力、初始位置和速度，那么它们的未来状态将无情地遵循这些定律而被决定。

请记住我的表述：若坚持物理决定论，那么便不存在笛卡儿式的自由。宇宙中发生的所有事件，包括你的所有行为，在它们发生的那一刻就已经被确定。所有事件都是预先确定的。你注定会观看专门为你的兴趣而播放的电影，并会持续一生。这位导演，即这些物理定律，对你希望改变某个单一场景的恳求置若罔闻。

钟表宇宙的终结

在 20 世纪 20 年代，随着量子力学的诞生，宇宙的宿命论观点发生了决定性的改变。量子力学是我们现有的对原子、电子和中子在非相对论速度下的最佳描述。其理论大厦具有惊人的预测能力，是人类最高的智力成就之一，独一无二。

牛顿－拉普拉斯之梦——或在我看来也可以说是噩梦——遭受了致命打击，这源于量子力学中的**不确定性原理**（uncertainty principle），该原理在 1927 年由维尔纳·海森堡系统阐述。在测量粒子位置和动量方面，存在不可克服的局限性（粒子的动量是其质量乘以速度）。根据最常见的解释，海森堡的原理断言，宇宙的构建方式是，任何粒子，例如一个光子或一个电子，无法同时具有确定的位置和动量。如果确切知道它的速度，它的位置就是不确定的，反之亦然。这个原理代表的并不是当今仪器的简陋性（这可以通过更好的技术来克服），而是实在的根本结构。宏观的、重的物体（例如我的那台红色迷你敞篷车）在高速公路上以一个确定的速度行驶时，在空间上占据着一个精确位置。但是微观事物（例如基本粒子、原子和分子）则违反常识：你越精确地确定它们的位置，它们的速度就越不确定、越模糊，反之亦然。

海森堡的不确定性原理对经典物理学产生了根本性的挑战，虽然其影响尚未完全显现。该原理以模糊性替换了教条的确定性。这一切的基础是一个被称为波函数的数学抽象概念，它按照薛定谔定律所描述的方式进行演化。根据这个定律，物理学家能够计算出任何给定事件的概率，例如电子占据氢离子特定原子轨道的概率。虽然概率本身可以被精确计算到非常小的程度，但在任何特定时刻，电子的精确位置都是无法确定的。

考虑以下实验情况：实验结果得出，电子存在于某处的概率是 90%，而存在于另一处的概率是 10%。若此实验重复进行 1 000 次，根据统计结果，约有 900 次电子会出现在此处，其余出现在彼处，但允许存在一定的误差范围。然而，这种统计结果并不能确定下一次实验中电子的具体位置。电子可能出现在此处或彼处，其实际位置是一个概率问题。爱因斯坦本人从未接受自然界的这一随机性。正是在此背景下，他提出了著名的观点："这个老人（即上帝）不掷骰子"（*Der Alte würfelt nicht*）。

当你仰望天空时，你会发现一种令人惊叹的现象，那就是星系在太空中的分布并不是均匀的。它们以稀疏细长的带状形式聚集，散落在无迹可寻的空旷的天幕上。这个巨大的空旷天幕让人感到心智眩晕，因为一束光需要数百万光年才能穿越这样的深渊。我们自己的银河系是室女座超星系团的一部分，其中包含数十万亿颗恒星。

超星系团是宇宙中最大的天体结构。根据宇宙膨胀理论，它们是由大爆炸后瞬间产生的随机量子涨落形成的，并构成了宇宙。最初，宇宙比针尖还要小，且被严格限制在质能混合物中——这边的密度稍高，而那边的密度稍低。随着婴儿宇宙的膨胀，空间本身被创造出来，其量子印记被放大至现在观察到的这个大得惊人且不均匀的星系分布。

宇宙具有一种无法还原的、随机的特性。如果我们将宇宙视为一只精密的钟表，那么它的齿轮、弹簧和杠杆并非瑞士制造，它们并不遵循预定的路径。传统的物理决定论已经为概率决定论所取代。在这个新的理论框架下，没有任何事情是预先确定的或命定的。量子力学定律为我们提供了不同未来发生的概率，但无法确切地预测哪种未来会发生。

然而，我们必须注意到，有一些人强烈反对这种观点。不可否认的是，人类的宏观世界体验确实建立在微观的量子世界的基础之上。但这并不意味着每一个物体，比如汽车，都具备量子力学的奇特属性。当我把我的迷你汽车停在路边时，相对于路面，它的速度就为零。由于它相对于电子来说非常重，实际上，与它的位置相关的模糊性为零。如果我忘记把车停在哪里，而且车没有被拖走或被偷，那么我将在停车的确定位置找到它。在我们生活的世界里，物体的运行在短时间内是相当可靠的。只有在更长的时间内，不可预测性才会悄然而至。

相较汽车的内部结构，蜜蜂、小猎犬和男孩的脑的复杂性要高出许多。这些生物的组成部分具有嘈杂的特征，随机性在它们的神经系统中随处可见。从感知视觉和气味的感觉神经元到控制身体肌肉的运动神经元，这些神经元在处理信息时都表现出一定的随机性。

请考虑我在第五章详细阐述的那种概念神经元。每次当病人看到詹妮弗·安妮斯顿的照片时，该概念神经元都会迅速兴奋，并在半秒内触发五个动作电位。然而，需要注意的是，从一个观看活动到下一个，动作电位的数量可能会有所变化。在一个试次中可能是六个脉冲，而在下一个试次中可能是三个。这种变化可部分归因于眼睛的颤动、心脏的跳动、呼吸等生理因素。剩余的不可预测性则被认为与不断振动的水分子和其他分子有关，即我们通常所说的热运动，它受到经典物理学的严格控制。

生物物理学家，即那些专注于研究蛋白质和双层类脂膜结构的专家，尚未找到量子涨落对神经元生命产生关键作用的证据。神经系统，与其他事物一样，遵循量子力学定律；然而，所有这些四处运动的分子的集体效应消除了任何量子不确定性，这种现象被称为**退相干**（decoherence）。退相干意味着分子的行为可以通过彻底的经典确定性定律，而不是量子力学的概率定律来描述。如果是这样的话，那么我们所观察到的行为不确定性，比如蜜蜂、比格犬和男孩的野性行为的不可预测性，就可归因于我们在追踪事件进程的精确性方面所存在的众所周知的经典限制。但我们不能排除量子不确定性也可能导致行为的不确定性。这种随机性可能会发挥某种功能性作用。与那些行为完全可预测的生物体相比，偶尔能够以不可预测方式行事的有机体更可能找到猎物或逃避捕猎者。如果一只被捕猎者追捕的苍蝇在飞行中突然做出意外的转弯，那么与更可预测的同伴相比，它更可能看到明天的太阳。因此，演化可能有利于利用量子随机性的回路进行特定的行动和决定。发生在脑深处的随机量子涨落，其结果被确定性混沌放大，因此可能导致不可预测的结果。蜜蜂、小猎犬和男孩的行为方式似乎毫无规律，但实际上并没有明显的原因。如果你生活在他们身边，你就会明白这一点。量子力学和确定性混沌都导致了不可预测的结果。

杜鲁门·卡波特的《冷血》描述了一个令人震惊的自发行为案例。在这个真实的犯罪故事中，两个有前科的人在一天晚上突然闯入农夫家中进行抢劫，并残忍地杀害了农夫、他的妻子以及他们的两个孩子。令人震惊的是，这次残忍的谋杀并不是预先计划的，而是在现场临时起意的。罪犯原本有机会轻易逃走，避免犯下如此严重的罪行——他们的这一行动导致他们后来被绞死。这个案例让我们深思：生命中是否存在许多关键的决定，这些决定就像是一次随机的、毫无来由的、欠考虑的、费解的行动，就像抛一个量子硬币那样无法预测和解释？

非决定论在哲学领域具有深远的影响。它主张，人类的行动无法被精确预测。尽管宇宙及其中的一切事物都遵循自然法则，但未来世界的状态却始终具有模糊性。随着我们展望未来的时间越长，不确定性就越大。

从个人角度出发，我认为决定论是令人厌恶的。你在当前这个时间点阅读我的书是在大爆炸中就已确定的，这种想法让我产生了一种完全无助的感觉。（当然，我的个人感受与世界的本质并无关联。）

尽管非决定论并未明确阐述个体是否具有作用力，能否启动自身的因果链，但它确实确保了宇宙以一种无法准确预测的方式展开。

在实现一个量子事件胜过另一个量子事件上，心智的自由是贫乏的

古罗马诗人卢克莱修在《物性论》中提出了他著名的"转向"（swerve）理论，即原子的随机突然运动。他主张，这种运动是为了保证意志能够从命运中挣脱出来。然而，非决定论并不能为真正的自由意志主义者带来慰藉，因为它无法替代自由意志。当然，我的行为应该有其原因，因为我希望它们发生，而不是偶然发生。用决定论的确定性换取随机论的模糊性并不是笛卡儿所期望的。自由意志主义的心智概念要求心智能够控制脑，而不是任由脑随意做出决定。

一种常见的解释可以追溯到量子力学的创立时期。该解释假定意识与量子事件的实际发生之间存在密切联系。具体来说，量子力学所处理的概率**坍缩**成这样或那样的实际结果，需要有一个有知觉的人类观察者（至于猴子能否做到这

一点，从未有人考虑过）。这一观点引起了广泛的争议，产生了大量文献。

近期，学术界对**纠缠**（entanglement）现象展开了深入的讨论。经过大量实验验证，纠缠作为一种观测到的现象在量子力学中被确认为是真实存在的。具体来说，经过特定准备的量子系统，无论它们之间的距离有多远，都会表现出一种神秘的关联性。例如，两个具有相反自旋的电子或两个偏振光子，在彼此分离后，即使它们没有与其他任何事物发生交互，它们之间的关联性也始终存在。一旦测量其中一个电子的自旋，另一个电子的自旋也会立即被确定，即使它们之间的距离可能达到 1 光年。这种现象虽然看似奇特，但却是经过实验验证的物理现象。物理学家罗杰·彭罗斯、麻醉学家斯图尔特·哈梅罗夫（Stuart Hameroff）以及其他学者提出，这种超凡脱俗的非定域性与意识之间可能存在密切的联系。而更为古老的佛教传统也认为，客体与主体之间存在一种无情的联结，并且意识是物理世界的一个根本特征。

然而，在生物系统中存在这种量子力学效应的证据吗？到目前为止，答案是否定的。2010 年，享有盛誉的期刊《自然》发表了一项研究，该研究测量了室温下一个光合蛋白内部的量子力学电子相干性。这项研究观测到的效应可以延伸到 50 亿分之一米以上，并使光合作用在将阳光转化为有用能量方面变得异常有效。相干性（coherency）体现在被捕获的光子从一个分子运动到另一个分子时其能量如何转化的概率上，它遵循的是量子力学定律而不是经典定律。然而，目前尚不清楚相干性是否在脑本身的核心运作中发挥作用。至少现在还没有证据表明，神经系统（一个与其环境强耦合的温暖而湿润的组织）的任何分子成分都展示了量子纠缠。

总的来说，生物物理学研究认为稳定的量子纠缠是不存在的。神经元处理信息的基础操作，包括突触的化学传递和动作电位的产生，都会破坏相干量子态。这是因为这两种操作都涉及大量的神经递质分子在突触间隙中的扩散，以及大量的离子蛋白通道在神经元膜上的分布，这些都会改变它们的结构。此外，激发动作电位的神经元只能接收和发送经典信息，而不是量子信息。也就是说，在每个时刻，一个神经元只能产生一个二进制脉冲或者不产生。因此，一个神经元永远不会处于叠加态，即它不会同时激发和不激发动作电位。

哲学家卡尔·波普尔和神经生理学家约翰·埃克尔斯是灵魂论现代捍卫者的杰出代表。波普尔是著名的科学和政治哲学家，埃克尔斯则是突触传递全或无性质研究的先驱——他的研究成果在1963年荣获诺贝尔奖。因此，他们并非那种空谈薛定谔的猫、纠缠和万物相互联系的怪人。

根据波普尔和埃克尔斯的观点，有意识的心智通过操纵大脑皮层中与运动计划有关的区域的神经元之间的交流方式，将其意志施加于脑。通过促进神经元间的突触通信以及防止神经元间的突触通信，心智将其意志施加于物质世界。对于坚信强意志的人来说，波普尔-埃克尔斯理论具有吸引力，因为它使宗教观点与科学立场相一致。

然而，该提议在物理层面是否具有合理性呢？

不——如果它要求心智强制脑执行一些物理行动，这是不合理的。像一个鬼驱人（poltergeist），心智必须隆隆作响并用力拉拽突触。这就是做功，而做功会消耗能量。即使是微小的突触传递调整也需要消耗能量。物理学不允许任何例外；能量守恒原则已被无数次实验验证，一直是正确的。

如果心智确实是转瞬即逝的、难以言喻的，就像幽灵或精神一样，那么它就无法与物理世界产生交互。由于不可见、不可听、不可感，心智无法促使脑进行任何活动。

对于自由意志主义者所主张的自由选择，其唯一可能的解释是，心智在多个量子力学事件中实现了一个特定的事件，正如薛定谔方程所描述的那样。假设在某一特定时刻，某一特定突触上存在两个量子力学状态的叠加。这种情况下，有15%的概率突触会发生转换，将化学信号传递到神经元之间的突触间隙，而85%的概率不会发生转换。

然而，这种概率计算并不能准确预测下一次动作电位到达突触时会发生什么。我们只能说可能不会发生释放。（神经科学家们仍然不清楚这种极低的突触转换概率是神经系统的特征还是缺陷。换言之，它是具有某种功能，还是说它只是大约 10 亿个突触被塞进 1 立方毫米的皮层组织里的不良后果？）

根据我们目前对量子力学的理解，波普尔－埃克尔斯式心智可以利用其独特的自由。虽然心智无法改变概率，但它可以决定每个试次的结果。心智的活动将始终保持隐蔽，因为在考虑多个试次时，不会发生任何异常情况，只有自然法则所期望的结果。有意识的意志将在物理约束下在世界上发挥作用，这与偶然事件无法区分。

如果这些思辨的方向是正确的，那么这将是赋予有意识心智的最大自由。在"剃刀边缘"做抉择的过程中，轻微的推动就可能会产生巨大的差异。然而，如果一个结果比另一个更有可能发生，那么有意识心智的影响就显得微不足道，无法抵消这种可能性（从能量的角度来看，不太可能的结果不太可能得到支持）。这种自由是微薄的、贫乏的，因为只有在结果或多或少是等可能的情况下，心智的影响才会有效。

外行人和神秘主义者对量子力学的怪异之处与意识之间存在某种联系的假说表现出浓厚的兴趣。然而，除了将宇宙的神秘事物数量从 2 减少到 1，我们根本不清楚从这一假说中还会获得什么。即使我们认为纠缠在某些方面与意识有关，但纠缠如何解释心身问题的任何一个具体的方面呢？如何解释可兴奋的脑组织为何可以转变为现象体验呢？

意志作为行动的事后产物

让我们回归到稳固的基础，我来向你介绍一个被许多人视为证实自由意志只是一种错觉的经典实验。这项实验是在 20 世纪 80 年代初，由加利福尼亚大学旧金山分校的神经心理学家本杰明·利贝（Benjamin Libet）精心设计和执行的。

脑与海洋在某种程度上是相似的，即两者都处于持续不断的动态变化之中。为了形象地描绘这一点，我们可以借助脑电仪来观测头皮外部电位的微小波动。这些波动的大小仅为百万分之一伏特。类似于地震仪记录地震活动的方式，脑电仪能够追踪大脑皮层下的兴奋波动，揭示那些肉眼无法察觉的震颤。当受试者准备移动手臂时，脑电仪会记录到一个缓缓上升的电位。这个电位被称为**准备电位**（readiness potential），因为它在运动实际开始之前就已经出现，大约提前 1 秒。当然，除了准备电位，脑电仪还会记录到其他特征。

但为了简化说明，我们仅关注这一特征。

直觉上，引发一个自愿动作的事件的序列必定如下：你决定举起你的手；你的脑将那个意图传递给负责计划和执行手部运动的神经元（其电活动的微弱回音就是准备电位）；而那些神经元将恰当的指令传递给收缩手臂肌肉的脊髓中的运动神经元。也就是说，心智做选择而脑行动。当我反思时，这很好理解。我的心智决定去跑步，我的脑给出恰当的指令，然后我寻找我的运动鞋。但是利贝却不相信。难道更可能的情况不该是心智与脑同时行动，或者甚至脑在心智之前行动吗？

利贝试图对心智事件，即个体深思熟虑的决策进行计时，并将此与物理事件、准备电位的起始时间进行比较。真是如释重负——在经历了几千年令人厌倦的哲学争论后，终于找到了一种可以解决此类问题的方法。实验的难点在于确定心智活动的确切时刻。例如，要推断出个体首次产生举手愿望的确切时刻，这并非易事。

为了协助他的受试者，利贝将一个明亮的光点投射到老式的绿色示波器屏幕上。这个光点以圆周运动的方式移动，类似于钟表上分针的针尖。每位志愿者坐在椅子上，头戴电极帽，他们需要自发但有意识地弯曲他们的手腕。当他们觉知到要执行动作的意愿时，他们就弯曲手腕，同时观察光点的位置。为了确保志愿者对神经事件的主观计时是准确的，利贝要求他们在单独的实验中记录手腕开始弯曲的时间点，这个时间点可以通过记录他们的肌肉活动来客观地确认。实验对象能够很好地完成这项任务，仅仅比实际开始早80毫秒。

该实验结果为我们揭示了一个确切无误的事实。准备电位的启动时间至少比有意识的运动决定提前半秒，通常会更早。这意味着脑部动作在心智做出决定之前就已经发生。这一发现彻底颠覆了我们对心智因果作用的传统认知，即脑和身体仅在心智产生意志后才会行动。这也解释了为什么该实验在过去和现在都备受争议。然而，随着实验的重复和改进，包括最近报告的脑成像版本，其基本结论依然具有说服力。

在脑深处的某个区域，可能位于基底神经节，钙离子在突触前膜附近聚集，突触囊泡被释放，阈值被跨越，从而产生动作电位。这一孤零零的脉冲汇聚成一股尖峰洪流，侵入已处于启动状态、随时准备采取行动的前运动皮层。收到这个开始信号后，前运动皮层通知运动皮层，其椎体细胞将具体指令向下发送到脊髓和肌肉。所有这些过程都是在前认知层面发生的。接着，调节能动感的皮层结构上线，产生"我刚决定运动"的有意识感受。肌肉运动的计时与对肌肉施加意志的感觉几乎同时发生，但实际的运动决定出现得更早——在觉知之前就出现了。

能动性，或有意识的意志体验

不如你现在就在不借助脑电仪的情况下重复一下上述实验。继续，弯曲你的手腕。你会体验到与你的初始运动计划、运动意志活动以及实际运动相关的三种联合感受。每种感受都带有其独特且主观的标签。首先出现的是运动的**意图**。一旦你移动你的手，你将感受到**所有权**——你的手在进行移动——以及**能动性**。也就是说，移动它是你**决定**的。然而，如果一个朋友握着你的手并弯曲它，你将感受到你的手以一种特殊方式（所有权）被转动，但你不会体验到意图。同样，你也不会感到需要对手腕的运动负责。最后，如果你条件反射式地用手撑到桌上并站起来，你将感受到能动性，但几乎没有意图。

在有关自由意志的争论中，有一个经常被忽视的观点，即心身纽结创造了一种特定的、有意识的自愿运动感，这是一种对"我对其施加了意志力"或"我是这个行动的创始者"的强烈体验。与其他主观体验一样，这种意愿感具有特定的现象内容。这种感受质与品尝苦杏仁的感受质没有什么不同。

根据利贝的实验，当你的脑决定现在是弯曲手腕的好时机时，准备电位就已经开始建立。随后，能动性的神经相关物开始兴奋。然而，你可能会错误地将其归因于这个感知印象。由于这些事件发生在一瞬间，不到 1 秒钟，它们很难被准确地捕捉到。

雷声与闪电之间的因果关系在于，当雨云与地面之间的电荷增强时，电荷会趋向于均衡，进而引发声激波。对于现代人来说，这种因果关系是明确的，不会混淆。然而，想象一下你是一个克罗马农人，当一道闪电击中附近的树木时，你几乎被雷鸣的尖锐爆裂声震聋。同时，你还能够闻到臭氧和燃烧的树木的气味。在这种情况下，将这种冲击归因于雷鸣不是非常合理吗（"天神发怒了"）？

但即使你那有关意志施加于一个行动的感受并没有真正引发这个行动，也不要忘记仍然是**你的**脑采取了这个行动，而不是其他人的脑。只是这个行动不是由你的有意识心智引发的。

这个结论仅仅适用于利贝实验室这个有限的范围吗？毕竟，志愿者拥有的唯一自由就是决定**什么时候**移动他们的手腕，或者——在这项基本实验的一个变体中——是移动左手腕还是右手腕。这类似于挑选两种相同的可乐罐——谁会关心你选哪一个呢？那么，那些更重要的行为，那些需要深思熟虑的行为呢？你应该养一条小狗还是不养呢？你应该娶她还是不娶她呢？所有这类关键决定也都伴随着先于选择的准备电位吗？目前，我们并不知道。

所有感官都有可能受到误导。科学家和艺术家将这些错误现象称为错觉。此外，我们的能动感也存在不完美运行的情况。它也可能出错。因此，并非你所有的行动都伴随着能动性。熟练的僵尸行动——例如，你的手指在键盘上打字——会唤起微弱的意志体验或根本没有。其他行动则需要大量的意志力。在面对攀爬裸露岩体这样的挑战时，你需要在内心深处调动自己的意志力，如同使用一块内部肌肉一般，去克服内心的恐惧。然而，一旦成功克服这一阶段，你的身体便能够自然而然地应对接下来的任务，无须再额外消耗有意识的意志力。

在自动症（automatism）状态下，个体可能完全失去能动感。这些情况包括宗教仪式、催眠后的暗示、显灵板游戏、占卜以及其他伪神秘现象中的迷狂和恍惚。参与者往往极力否认是他们引发了这些事件。相反，他们会把责任推给遥远的神灵、精灵或是催眠师。

在你远离神秘修行的生活中，你发现自己做事却心不在焉。当人们对自己想要什么深感矛盾时，这种情况尤为明显。嗜赌成性的赌徒突然相信自己今晚在赌场里会赢大钱，尽管在某种程度上他"知道"到晚上结束时，他会输个精光。然而，由于强大的心理动力的作用，他对责任的感受被显著地削弱了。

精神疾病会导致明显的病态，阻碍对意志的体验。例如，对于临床肥胖症患者，他们常常无法有效抑制过量进食的行为；对于一些"瘾君子"，他们可能转向卖淫和犯罪行为，以满足自身的依赖需求；对于抽动症患者，其身体经常会出现猛烈抽搐、猛拉和面部扭曲等异常表现；强迫症患者则可能频繁洗手，直至手部皮肤受损出血，或者在如厕时进行一些奇怪的仪式行为。这些患者虽然明知自己的行为是不正常的，甚至是"疯狂的"，但他们却无法控制自己的冲动。这表明，在这些情况下，个体并不总是自身行为的主导者。

受弓形虫这种原生动物感染的啮齿动物，其行为模式无法自主控制。通常情况下，健康的老鼠会本能地避开带有猫尿味道的环境。然而，感染了弓形虫的老鼠却会失去对猫气味的天然厌恶感，甚至可能被吸引。这一行为的转变对于老鼠而言无疑是不利的，因为这样会增加被猫捕食的风险。然而，对于弓形虫而言，这却是极为有利的。当猫捕食感染弓形虫的老鼠时，这个寄生生物便得以进入新的宿主，从而完成它的生命周期，因为只有在猫的肠道中它才能进行性繁殖。弓形虫对宿主行为的操纵非常独特。被感染的老鼠通常仍会表现出与健康老鼠相似的焦虑反应，并且它们也不会丧失对音调的恐惧感，这种音调会让它联想到痛苦的足部电击。弓形虫的目标是宿主脑中负责产生特定恐惧感的部分，具体来说，是在杏仁核区域；在这一区域，弓形虫的囊胞密度几乎是其他与气味感知有关的脑结构中的两倍。

将野生生命的这个小插曲提升至史诗程度的原因是，有10%的美国人感染了弓形虫。科学家早已发现，精神分裂症患者很可能携带弓形虫。甚至有人提出，这种常见的寄生虫在文化习惯的演进中起着重要作用。然而，受感染的人可能会产生一种错觉，认为自己可以随心所欲。就像好莱坞恐怖片一样，他们可能会执行这些脑寄生虫的无声命令。

哈佛大学著名心理学家丹尼尔·韦格纳（Daniel Wegner）是现代意志研究的先驱之一。在其引人入胜的专著《有意识意志的错觉》(*The Illusion of Conscious Will*)中，他揭示了能动感的本质以及它如何被操控的机制。

在一项引人注目的实验中，韦格纳要求一名志愿者穿着黑色工作服，戴着白手套，站在镜子前，双臂垂在身体两侧。她的正后方站着一位穿着一模一样的实验人员。这位男实验人员将头藏在屏风后面，并把双臂伸到她的腋下，这样当女人照镜子时，他的两只戴着手套的手就像是她的手。两个人都戴着耳机，韦格纳则通过耳机发出指令，比如"拍手"或"打个响指"。志愿者需要倾听并报告实验人员的手的动作在多大程度上是她自己的。当女人在男人动手之前听到韦格纳的指示时，她报告说，与韦格纳的指示在男人已经动了手之后发出时相比，她更有一种自己想要行动的感觉。当两个人都被要求拍手三次时，与没有听到任何指示而只看到手拍手时相比，女人更有一种让双手鼓掌的感觉。请注意，该女性志愿者的手从未动过，始终是背后的实验人员在操作。

人的能动感由一个特定的脑模块负责，它基于一些简单规则将主体身份赋予这些自愿行动。例如，当你计划打响指并随后观察到手指确实执行了这个动作时，能动模块就会自然而然地认为是你发起了这个行动。除此之外，另一套规则涉及时间感知。想象一下，你独自在黑暗的森林中行走，突然听到树枝断裂的声音。如果这个声音恰好在你踩在某根树枝之后立即发出，你的能动模块会认为是你制造了这个声音，因此你会感到安心。然而，如果这个断裂声出现在你踩到树枝之前，这可能意味着有其他物体或个体正在接近你；此时，你的所有感官都会立刻进入高度戒备状态。

神经外科医生一直强调意图感和能动感的实在性，因为他们偶尔需要切除脑组织，可能是因为该脑组织是肿瘤，或者因为它猛烈地放电导致癫痫大发作。在切除或灼烧组织时，需要做到平衡——既要切除癌变或易发作物质以避免病情恶化，又需谨慎保留对于语言和其他重要行为至关重要的区域。为了精准判断摘除范围，脑外科医生会探测周围组织的功能。他采取的方法是，在患者连续使用拇指触摸每根手指、进行数数或完成其他简单任务的过程中，通过短暂的电流脉冲刺激相关组织。

对于这样的探索过程，我曾于第五章提及外科医生伊扎克·弗里德；他刺激的是前辅助运动区，它是位于初级运动皮层前方的大片大脑皮层的一部分。他发现，这样的刺激能够激发强烈的肢体移动意愿。据患者报告，他们产生了移动腿、眉毛或手臂的需求。而在位于法国布龙的认知科学研究所，米歇尔·德莫尔热（Michel Desmurget）与安杰拉·西里古（Angela Sirigu）在刺激后顶叶，即负责将视觉信息转化为运动指令的区域时，也观察到了相同的现象。刺激该区域会产生一种纯粹的意图感。患者描述称，"我感觉我想移动我的脚，但说不清为什么"，"我有想移动右手的冲动"，或"我有想卷起舌头的愿望"。值得注意的是，他们并未因电极引发的这些特定冲动而采取行动。显然，他们的感受是发自内心的，而非受到外界的诱导。

评估性总结

让我来总结一下。经典决定论已经过时，因为未来并非完全由当前事实决定。这一点已为量子力学随机性所证实——未来的发生并不是完全被决定的，个体的行动也不是预先注定的。莪默·伽亚谟以下听天由命的哀悼并不适用于未来：

> 指动字成，字成指动；
>
> 任你如何至诚，如何机智，
>
> 难叫他收回成命，消去半行，
>
> 任你眼泪流完也难洗掉一字。

你正在展开的人生是一部未曾书写的书籍。你的命运，既掌握在你自己的手中，也受到宇宙其他部分干预的影响。由于脑和确定性混沌的复杂性，即使是对未来了解最深入的科学家，预测行为精确度的能力也受到了限制。一些行为将始终似乎是自发的、无法解释的。至于量子力学的不确定性对于它们的发生究竟有多大影响，目前仍是未知之谜。

在笛卡儿式的强自由意志版本中，存在一个核心观点，即个体在完全相同的情境和脑状态下，原本可以对自己施加意志而以别的方式行动。然而，这一信念与自然定律存在明显的不一致。从物理学的角度来看，有意识心智与脑之间的交互是受到严格限制的，没有任何方式能够使有意识心智（即那个灵魂的避难所）影响脑却不留下任何迹象。物理学规律不允许任何幽灵般的交互，任何事物的发生都有一个或多个原因，而这些原因也是宇宙的一部分；宇宙在因果上是封闭的。

至少在实验室里，脑比心智更早做出决定；意图做一个简单行动的意识体验——能动感或自己是施动者的感受——

是次要的，它们不是实际的原因。与意识体验的感觉形式一样，能动性具有现象内容或感受质，它是由皮质－丘脑回路触发的。心理学实验、精神病患者和神经外科干预均揭示了自愿行动这一方面的现实。然而，这个决定形成的过程仍然是无意识的。对于你为何选择这样做，很大程度上是你所不知道的。

从这些洞见中，我获得了两个重要的教训。首先，我一直秉持实用主义和相容论的自由意志观，努力在生活中摆脱各种内在和外在的束缚。然而，唯一的例外是那些我自觉有意识地为自己设定的限制条件；其中，最主要的限制来自伦理关怀，即无论做什么，都应避免伤害他人并尽力让这个世界变得更好。其他方面的考虑包括家庭生活、健康、金融稳定和正念。其次，我不断努力深入理解自己的无意识动机、愿望和恐惧；相较年轻时，我现在能更深刻地反思自己的行动和情绪。

在此，我并无任何创新之论，所言皆为智者千百年来之教诲。古希腊的"认识你自己"（gnothi seauton）铭刻于德尔菲阿波罗神庙之入口，其中一个拉丁文版成为《黑客帝国》中"先知"（Oracle）厨房墙壁上的饰物。耶稣会士传承近 500 年的精神传统，强调每日进行**道德自省**。此为自我觉知之练习：持续的内在审问，可提升对行动、愿望和动机的敏感度。你真诚检视错误，并力图消除它们。你竭力将无意识动机带入意识之中。此举使你更深入理解自己，使生活与性格及长期目标更为和谐。

现象性的能动感如何从神经活动中产生的问题仍待解决。这再次涉及意识这一核心议题。心身问题始终是一个深奥的领域，需要我们深入探索。在下一章，即本书最具思辨性的一章，我将尝试概述关于这一难题的信息论解决方案。

第八章

    我坚定地认为，意识是复杂事物的根本属性，并热衷于推崇整合信息理论，因为它为我们解释意识的众多令人困惑的现象提供了有力的支持；同时，这一理论也为构建具有情识的机器提供了有益的指导。

哲学深藏于我所说的宇宙这本大书中，该书的内容毫无保留地展现在我们眼前。然而，除非我们能够首先掌握解读该书所用的语言，并理解其中的符号含义，否则我们就无法深入理解该书。它是用数学语言写成的。

——伽利略

《试金者》（*The Assayer*, 1623）

在我的智识生活中，对意识物质基础的探索一直占据至关重要的位置，并且在过去的20多年中始终如一。

弗朗西斯·克里克和我连日来坐在他工作室的藤椅上，探讨有生命的物质如何展现主观感受这个课题。我们共同撰写了两部专著以及数十篇学术论文，旨在阐明意识的独特属性与特定的脑机制和脑区之间的关联。我们提出了一个假设，即觉知与皮层神经元的节律性放电（每20~30毫秒发放一次）之间存在联系。（我们所谓的40赫兹假说目前正在选择性注意的背景下重新受到关注。）我们对神经元需要同时激发动作电位的情形产生了浓厚兴趣。我们还论证了新皮层第5层的锥体细胞在意识内容传递过程中的关键作用。此外，我们还推断大脑皮层下方神秘的神经元薄层（屏状核）对于觉知至关重要。在研究过程中，我阅读了大量无关紧要的学术手稿和书籍，参加过上百场学术研讨会（有时一些会议会让人从头到尾打瞌睡）。我与学者、朋友以及各行各业的人士就意识和脑的问题展开激烈的辩论。我甚至在《花花公子》杂志上发表了一封关于意识的信件。

我越来越明白的是，无论关键的神经回路是什么，要识别这些回路就会引发一个我在1992年首次遇到的根本问题。那时的我还处于学术旅途的早期阶段，怀着一颗传播好消息的热忱之心，这个好消息就是：从今往后，意识将完全属于经验实证的范畴，并接受科学的剖析。

在一次研讨会上，已故苏黎世神经病学家福尔克尔·亨（Volker Henn）提出了一个简单的问题：假定克里克和你的所有想法都是正确的，视觉皮层的第5层神经元有节律地放电，并将其输出发送到脑前部是意识的关键神经机制，那么，产生觉知的这些细胞是什么呢？从本质上讲，你的假说与笛卡儿的"松果体是灵魂之居所"的假说有何不同？笛卡儿认为，动物精气的搅动引发了灵魂的激情；而你提出的以节律方式放电的神经元产生红色感觉的观点，似乎与笛卡儿的观点具有同样的神秘色彩。尽管你的语言要比笛卡儿的语言更像机械论——毕竟，已经过去了三个半世纪——但基本困境仍然一如既往。在这两种情况下，我们都必须接受一个信条，即物理活动能够产生现象感受。

在此问题上，我给予亨一个"期票式"的答复：科学在适当的时机会揭示这一谜团。然而，当前阶段，神经科学的主要任务应当是持续深入地探寻意识的神经相关物。否则，我们探索意识根源的工作将会不必要地滞后。

亨的问题可以被一般化。全局可用性、奇异环、吸引子网络、神经递质或脑区，所有这些都被认为是意识本质的候选者。针对意识本质的一些更加非传统的主张则诉诸量子纠缠或其他奇异的物理现象。然而，不管哪些特征被证明是关键的，这些独有的特征都是如何解释主观性的呢？弗朗西斯和我一致认为，意识与大脑皮层内的反馈回路密切相关。然而，反馈回路如何引发现象感受的产生，仍然是一个待解答的问题。我们知道，室内恒温器也存在反馈机制，即当室内温度达到预设值时，冷却系统会关闭。那么是否可以说，室内恒温器也具备某种程度的意识呢？与相信摩擦铜灯会召唤神灵相比，我们如何看待皮层中反馈回路与意识的关联？这两者之间有何本质区别？

在过去的许多年里，我认为亨的问题缺乏建设性；因此，我选择将其搁置一旁。我的目标是推动意识研究事业的发展，说服分子生物学家和神经科学家加入我们的行列。我坚信，利用他们不断发展的工具和技术，我们可以研究与心智相关的关键回路。

然而，我必须对亨的挑战做出回应。我追求的目标是建立一种理论，该理论应能解释物理世界如何以及为何产生现象体验。这样的理论不能是模糊不清的，更不能是空想的，而必须是具体的、可量化的和可检测的。

我深信，经过恰当表述和改良的信息论具备完成这一伟大壮举的能力：解析各类生物的神经布线图，并预测有机体将体验到的意识形式。此外，它还能为设计具备意识的人工物提供详细的蓝图。更为惊人的是，它为意识在宇宙中的演化提供了一种宏观的视角。

这是一些大胆的、雄心勃勃的甚至有些夸张的主张。请原谅我为它们辩护。

狗，或者意识是从脑中涌现的吗？

在与狗（我对这种动物抱有极大的喜爱）一同生活的过程中，我们可以观察到它们展现出的聪明才智远超我们的预期，并且狗也会流露出丰富多样的情绪。在落基山脉的高处，我的黑色德国牧羊犬诺西（Nosy）第一次见到雪。它以一种充满好奇和探索的方式，将鼻子深深地插入这片奇特的白色世界。它将雪抛向空中，然后又准确地接住。诺西咬住冰层，对着雪堆发出欢快的吠声，最后仰面朝天地在雪地上来回滑行，让冰冷的雪花与它的皮毛紧密接触。这一切都是它对快乐的无尽追求和独特表达。自从我们家迎来了一只小狗，我们的关注都集中在这个新成员身上，导致诺西连续数周都情绪低落。在捡回一个乒乓球时，它会表现出强烈的兴奋情绪；当遭遇另一只狗的挑衅时，它会展现出强烈的斗志；而当犯下一些不被允许的错误时，它会感到羞愧，并将尾巴夹在双腿之间。在烟花表演的氛围中，它会显露出畏惧的情绪，并可能需要借助百忧解来平复心情；当我全身心投入工作而忽略了它时，它可能会感到孤单和无趣；一旦有车辆驶入我家的私人车道，它会立刻提高警觉；在我们烹饪的过程中，如果它等待中的撂下的食物被孩子戳了一下，它可能会流露出不满的情绪；当我从杂货店购物回家时，它会充满好奇，并试图通过嗅探每个购物袋来探究其中的物品。

作为群居生物，狗在演化过程中发展出了众多精细的沟通技能。在众多研究动物行为的学者中，无人能超越查尔斯·达尔文的洞察力。值得一提的是，达尔文对狗的热爱使他对此进行了深入研究。在《人类的由来》一书中，他针对狗发出的声音进行了如下描述：

在追逐的过程中，我们能够听到各种不同声音：有的充满渴望，有的充满愤怒，还有的是在咆哮。而当它们被关起来时，它们会发出绝望的尖叫或号叫。夜晚时，它们会低沉地叫。与主人散步时，它们会快乐地叫。当希望门或窗被打开时，它们会发出一种独特的恳求或哀求声。

狗的尾巴、鼻子、爪子、身体、耳朵和舌头都能表达它的内部状态，反映它的感受。狗不会隐藏这些，也无法掩饰自己的表达。

基于犬科动物多样的行为表现，以及它们的脑与人脑在结构和分子层面的众多相似性，我有理由相信狗同样具有现象感受。任何在哲学或神学层面对其情识的否定，都存在严重的缺陷。（我自幼便对此深信不疑，难以理解为何在审判日，上帝选择复活人类而不是狗。）从这一角度来看，不仅狗，猴子、老鼠、海豚、鱿鱼，甚至蜜蜂，也都具备情识。我们都是大自然的孩子，对生命有着共同的体验。

西方国家的一神论信仰摒弃了动物的灵魂，因此，上述观点在西方的说服力较弱。然而，东方宗教的态度则更为宽容。印度教、佛教、锡克教和耆那教均认为所有生物都具有情识，并存在亲缘关系。此外，美洲原住民也并不信仰人类例外论，但人类例外论这种信仰在犹太－基督教的世界观中却根深蒂固。

事实上，我经常认为狗比人更接近真正的佛性。它们拥有一种本能的理解，明白生命中最宝贵的是什么。它们无法忍受恶意或怨恨。它们对生活的热爱、对快乐的热切追求，以及那始终如一的忠诚，都是人类所追求的理想境界。

在数万年前，狗与人类在热带草原、干草原和森林中建立了盟约关系，当时狼与人类开始成为亲密的邻居。这种互利共生的关系一直持续演化，两个物种逐渐适应了彼此的生活习惯，形成了长久而稳定的关系。至今，这种关系仍然得以延续。

然而，无可争议的是，犬科动物的意识范围和深度都不及我们。狗无法进行自我反思，也不会因为它们的尾巴以一种可笑的方式摇摆而心烦意乱。它们的自我觉知是有限的。它们不会为亚当的诅咒以及认识到自己必有一死而痛苦。从存在主义恐惧到大屠杀和自杀式爆炸，它们都不与人类同流合污。

考虑一些更简单的动物（其简单程度是根据神经元及其相互连接的数量来衡量的），例如老鼠、鲱鱼或苍蝇。这些动物的行为分化程度相对较低，行为模式也较为刻板。因此，可以合理地认为，这些动物的意识状态比犬科动物的意识更贫乏，更加缺乏联想和意义。

基于这一推理，学者们认为，意识是脑的一种**涌现属性**

（emergent property）。生物学家普遍持有这一观点。那么，涌现属性究竟是什么呢？涌现属性是由整体表达的，而非必然由其个别的部分表达。系统会拥有一些在其部分中不曾表现出的属性。

对于涌现而言，没有必要诉诸任何神秘的新时代（New Age）弦外之音。以水的湿度为例，其维持水分子与表面接触的特性，是分子间交互，特别是相邻水分子间氢键结合的直接结果。单个或少数的水分子并不具备湿度属性。然而，在适当的温度和压力条件下，当大量水分子聚集在一起时，湿度属性便开始涌现。同样，遗传法则涌现于 DNA 和其他大分子的分子属性。再比如交通状况：众多车辆从不同方向涌入一个狭窄区域，很可能会引发交通拥堵。这一点，相信大家都能够理解。

根据先前阐述的定义，当少数几个神经元连接在一起时，意识尚不会示现；意识涌现于庞大的细胞网络。随着神经元聚合规模的扩大，对于该神经网络而言，可能的意识状态的数量也随之增加。

若要理解意识的物质基础，我们必须深刻认识到，是由这些紧密啮合的成千上万的异质神经细胞构成的网络编织出了心智生活的丰富画卷。为了形象地展现脑的惊人复杂性，可以想象一架单螺旋桨飞机在丛林上空飞行数小时所捕获的亚马孙雨林的辽阔景象。这个热带雨林中的众多树木，就如同我们脑中的神经元（当然，如果按照当前的速度继续砍伐森林，这个比喻在几年后将不再适用）。这些树木的根、枝和叶为各种藤蔓和匍匐植物所覆盖，它们的形态多样性可与神经细胞的多样性相媲美。让我们想象这样一个场景：你的脑就如同整个亚马孙热带雨林一般辽阔与复杂。

神经元联合体在环境以及神经元间的交互中展现出的学习能力常被低估。神经元作为信息处理器，其复杂性不容小觑。对于每个神经元而言，加工突触输入的树突和分配输出的轴突的构型都是独一无二的。反过来，突触作为纳米级机器，其学习算法能够调整神经元连接的权重和动力模式，时间尺度涵盖几秒至一生。人类对于这一庞大、复杂且适应性强的网络并无多少直接经验。

对于意识如何从脑中涌现这一问题，其概念困境在历史进程中与 19 世纪和 20 世纪初关于活力论（vitalism）和遗传机制的争议相类似。遗传基础的化学规律极其复杂，难以理解。一个细胞内所存储的所有信息如何塑造出一个独一无二的个体？这些信息如何被复制并传递给该细胞的后代？当时人们所知的这些简单分子又如何促使卵细胞发育为成体？

1916 年，英国遗传学领域的杰出人物威廉·贝特森精辟地阐述了这一困惑：

> 生物属性以特定的方式依赖于物质基础，这可

能在某种程度上与核染色质相关联。然而，令人难以置信的是，无论多么复杂，染色质或任何其他物质粒子都拥有我们的因子或基因必然获得的力量。考虑到染色质粒子的同质性极高，在任何已知的测试中彼此难以区分，而它们又能通过其物质本性赋予事物生命属性，这一猜想甚至超出了最令人信服的物质主义的范围。

为了解析生命，学者们纷纷引用各种理论。例如，一些人倾向于神秘主义的**活力论**，强调一种超自然力量在驱动生命的进程。另外，亚里士多德的理念中的**圆满实体**（entelechy）也为解释生命提供了哲学基础。同时，哲学家叔本华和柏格森也分别提出了**现象意志**（phenomenal will）和**生命活力**（*élan vital*）的概念，以揭示生命的内在动力。此外，一些物理学家，如以薛定谔方程闻名的薛定谔，尝试寻找新的物理定律来解释生命的奥秘。化学家无法想象线状分子中四种类型的核苷酸的确切顺序是理解生命的关键。遗传学家低估了大分子存储巨量信息的能力。他们也不曾理解蛋白质的惊人的特异性，这些特异性是经过几十亿年自然选择行动造就的。然而，生命这一特殊的谜团终将被解开。目前我们已经了解到，生命是一种涌现现象，最终可以归结为化学和物理学。任何活力论意义上的力量或能量都不能将这个无机的死寂世界与有机的生命世界分离开。

在涌现现象中，缺乏明确的分界线是一种典型的情况。例如，像 H_2O 这样的简单分子明显不具备生命特征，细菌则具有生命特征。那么，引发疯牛病的朊病毒蛋白质呢？病毒呢？它们是有生命还是无生命呢？

如果意识是一种涌现现象，最终可还原为神经细胞之间的交互，那么一些动物就可能有意识，另一些动物则不可能有意识。微型脑——例如著名的秀丽隐杆线虫，还没有字母 l 大，其脑仅有 302 个神经元——可能没有心智。而大尺寸的脑——例如，人脑有 160 亿个神经元——具有心智。这种涌现与物理思维的基本训诫——无中不能生有（ *ex nihilo nihil fit* ）——不相一致。这是一个原始的守恒定律。如果一开始什么都没有，再加一点也不会有什么不同。

我过去曾是意识涌现于复杂神经网络的观点的支持者之一，只要读一下我早期的《意识探秘》一书，就可以明白这一点。然而，随着时间的推移，我的观念发生了变化。主体性（subjectivity）与作为涌现现象的物理事物大相径庭。蓝色与眼睛视锥细胞中的放电活动截然不同，尽管放电活动是前者的必要条件。前者内在于我的脑，且无法从外部推断；而后者具有客观属性，可以被外部观察者通达。这种现象属性来自不同于物理现象的领域，遵循不同的规律。我还没有看到能够通过更多神经元来弥合无意识生物与有意识生物之间分界的任何方式。

对于像我这样的隐蔽的柏拉图主义者而言，有一种明确的选择可以替代涌现观和还原论。在 18 世纪早期，莱布尼茨在其《单子论》中开宗明义地讲道：

1. 我们在此讨论的**单子**（MONAD），不过是一个可以成为复合物之一部分的单质——简单到没有组分。

2. 既然存在复合物，就必然存在单质；因为复合物不过是简单物的一个集合，或聚合。

这个观点的确要付出许多人不愿承担的形而上学代价——承认体验（功能脑的内在视角）与使这种体验产生的物质事物是根本不同的，并且体验无法完全还原为脑的物质属性。

意识内在于复杂性

我相信意识是生命物质的一种根本的、基本的属性。它不可能源于其他任何事物；用莱布尼茨的话说，它是一个单质。

我的推理类似于研究放电的博学之士们做出的那些论

证。正如在青蛙抽搐的肌肉中发现电流时人们最初认为的那样，电荷不是生命物质的涌现属性。一些无电荷的粒子的聚合不可能产生带电荷的物质。一个电子有一个负电荷，而一个质子——例如，一个氢离子——有一个正电荷。一个分子或离子的电荷总量不过是这些个体电子和质子的所有电荷的总和，而不论电子与质子彼此的关系怎样。就化学和生物学而言，电荷是这些离子的内在属性。电荷并不是从物质中涌现的。

意识也是如此。意识与组织精微的物质系统一起出现。它内在于这个系统的组织结构。它是复杂存在物的属性，无法进一步还原为更基本属性的活动。至此，我们已经触及还原论的底层（这就是为什么本书副标题中的"还原主义者"要用"浪漫"调和[①]）。

我们发现自身处于一个广阔无垠的宇宙，在这个宇宙中，由相互作用的部分构成的系统拥有某种程度的情识，无论其复杂性如何都是如此。系统越大，网络化程度越高，意识程度就越高。人类的意识比狗的意识更加多样化，因为人脑的神经元比狗脑多 20 倍，而且网络更紧密。

请注意我所遗漏的东西。我在文中写的是"由相互作用的部分构成的系统"，而并非特指"由相互作用的部分构成

---

① 指英文副书名。——译者注

的有机系统"。我之所以未单独提及生命系统，是因为哲学家和工程师普遍秉持**功能主义**（functionalism）的理念。为了更好地理解功能主义，你可以思考一下乘法和除法运算。例如，你可以在纸上书写，在计算尺上滑动标记的木头，在算盘上移动珠子，或在袖珍计算器上按按钮，所有这些方式都能实现相同的代数规则，即它们在功能上是等价的。它们虽然在灵活性、优雅性、价格等方面存在差异，但都能完成同样的任务。人工智能的探索正是基于对功能主义的坚定信念——无论是颅骨、外骨骼还是电子设备，智能都可以以某种形式在其中出现。

将功能主义应用于意识，意味着只要系统的内部结构在功能上与人脑的内部结构相一致，该系统便具备与人类相同的心智。具体来说，如果人脑中的每一个轴突、突触和神经细胞都能被替代为**精准**执行相同功能的金属线、晶体管和电子电路，那么这个系统的心智将保持原样。尽管电子版本的脑可能在体积和重量上有所增加，但如果每个神经元成分都能由准确可靠的硅模拟物替代，那么该系统的意识也将得以保留。

对于心智而言，至关重要的不是构成脑的材质的特性而是材质的组织方式，即系统的部分勾连在一起（即因果交互）的方式。对于这一点，一个更专业的表述是，"意识独立于基质"（Consciousness is substrate-independent）。在理解和模拟自然时，功能主义能很好地为生物学家和工程师服务，但为什么一遇到意识，功能主义就不灵了呢？

意识与信息论

要深入理解在心脑关系上的发现，特别是在第四至六章中详述的那些发现，我们需要构建一个全面且逻辑自洽的框架，即意识理论。这座意识的理论大厦需要将觉知与突触以及神经元联系起来——这是意识科学追求的圣杯。因此，一个意识理论不能只是**描述性的**（descriptive；也就是说，只描述意识涉及脑的哪一部分以及哪些连接），它还必须是**规定性的**（prescriptive；也就是说，它必须为意识的发生提供必要和充分的条件）。这个理论必须基于一些第一性原理，将现象体验建基于宇宙的某个原始方面。这样的理论必须是精确而严谨的，而不仅仅是一些形而上学论断的集合。

对于任何科学理论，一个基本要求都是它必须处理可测量的事物。伽利略曾言："测量可测量的，使不可测量的变得可测量。"一个意识理论必须能对意识进行量化处理，将神经解剖学和生理学的具体方面与感受质相关联，并能解释为什么在麻醉和睡眠期间意识会消失。此外，它还必须能够解释（如果有的话）意识在有机体中的作用。为了建立这样的理论，我们需要从少量的公理出发，并借助我们自身有意识的现象体验来论证这些公理的合理性。这些公理势必蕴含某些应该能以一般经验实证的方式加以证实的结果。

在此，我想指出一个明显的例外情况。目前，关于意识的理论尚未得到根本性的检视。有些模型将心智描述为多个功能模块，并通过一些输入和输出的箭头将这些模块连接起来：一个模块表示早期视觉，一个表示物体识别，一个表示工作记忆，等等。这些模块被视为与脑中的具体处理阶段相对应。因此，这种观点的支持者会指向其中一个模块并宣称：一旦信息进入这个模块，它就神奇地获得了现象觉知。

我也为此感到内疚。因为弗朗西斯和我提出的观点——"在视觉皮层的高级区与前额皮层的计划阶段之间来回传递的信息会被个体有意识地体验到"——也是这种情况。从实证经验的角度来看，新皮层前后区域间双向交流的建立确实能够产生主观感受，这一点可能是正确的。然而，为什么会如此却并不明晰。

认知心理学家伯尼·巴尔斯的**全局工作空间**模型（global workspace model）也属于这一类。其本质与先前的**黑板架构**（blackboard architecture）一脉相承。该模型源于早期的人工智能研究，其中各个专业化的程序共享一个集中的信息资源，即所谓的"黑板"。巴尔斯进一步假定，这样一个公共的加工资源存在于人的心智之中。信息一旦被纳入这个全局工作空间，便能为多个子程序所利用，包括工作记忆、语言处理和计划模块等。正是由于全局工作空间的这种**信息广播机制**，我们才能觉知到自身的心智活动。然而，工作空间非常狭小，因此每次只能表征一个单一的知觉印象、想法或记忆。新信息会与原有的信息竞争，并最终取代旧信息。

全局工作空间模型所依赖的主要直觉是有效的。有意识的信息在全局范围都能被整个系统获取，而且这种信息是有限的。与此相反，僵尸行动者会将它们的知识隔离，不将其与系统中的其他部分共享。这些知识在信息上是封闭的，无法为系统中的其他部分所访问或利用。

在法兰西公学院，杰出的分子生物学家让－皮埃尔·尚热与其年轻的同事、数学家兼认知神经科学家斯坦尼斯拉斯·迪昂合作，将此模型应用于神经科学研究。他们认为，前额皮层中的长程椎体神经元体现了巴尔斯全局工作空间的概念。迪昂的团队通过一系列富于创新性的心理物理学程序、fMRI 扫描以及对外科手术患者的 EEG 描记，全面阐述了这一神经工作空间的特性。他们的模型精准地捕捉到了非意识的局部加工与有意识的全局加工以及内容获取之间突如其来的过渡。

在科学发展的早期阶段，描述性模型起到了至关重要的作用，它们对于明确表达可检验假设具有重要意义。然而，我们不能将描述性模型与规定性理论相混淆。描述性模型虽然能够描述某些现象，但不能解释其背后的机制。例如，描述性模型可以说明大脑皮层前后部位之间反响性和整合性的神经活动，但无法回答为什么这些活动会形成有意识的体验，以及为什么通过长程皮层纤维的"扩音器"进行的信息播报会引起感受。因此，虽然描述性模型在科学研究中具有重要作用，但这些模型仅仅阐述了事实，并没有给出解释。

在很长一段时间里，我和弗朗西斯都反对使用数学形式化描述意识的做法。智识大观园中散落着众多心身模型的残骸，这使得我们开始怀疑空谈式的理论化（armchair theorizing，尤其是那些仅依赖思辨的理论化）是否能够带来实质性的进步，即使这些理论活动借助了数学和计算机模拟的技术手段也是如此。弗朗西斯在分子生物学领域的经历更是加深了我们的反理论倾向：数学模型——包括他自己探索编码理论的徒劳尝试——在他的分子生物学的辉煌成就中最多发挥了次要作用。因此，在我们的写作和谈话中，我们特别强调通过严格的实验方案来发现和探索意识的生物学基础的重要性。

在弗朗西斯生命的最后十年，他始终以开放的心态接纳新的证据和思考方式，乐于改变自己的观点。他开始倾向于将信息论作为意识理论的适当语言。这是因为他认为，不存在某种特殊的物质（比如笛卡儿那魔法般赋予有机体以主体性的思维质料），因此意识必然来源于超连接的脑细胞之间的交互。在这个理论背景下，**因果关系**意味着神经元 A 的活动可能直接影响神经元 B 的即刻或未来活动。

我深感需要一个更为全面的框架。我需要一个能够判定银河系、蚁冢、蜜蜂或苹果手机是否有意识的理论。为此，我需要一个能跨越宇宙学、行为生物学、神经生物学和电路分析的种种细节的理论。如果能够恰当地对信息论进行形式化处理，它就可以成为一种具有强大数学工具功能的体系，能够精确地量化系统中各个组分之间的因果交互。这个理论能够在数学上表达和描述此处部分状态（比如恒星、蚂蚁、神经元或晶体管）对彼处部分状态的影响，以及这种影响如何随时间演化。信息论致力于对复合存在物中所有部分之间的交互进行全面、细致的分类和描述。

信息（information）是 21 世纪普遍的通用语。我们常常听到一种观点，即股票和债券价格、书籍、照片、电影、音乐以及我们的遗传特征都可以被转化为由 0 和 1 构成的连续数据流。一个简单的电灯开关，其开或关的状态，就代表了 1 比特的信息。要详细描述一个突触对其所连接的神经元的影响程度，则需要几个比特的存储和传输。作为数据的基本单位，比特能够通过以太网电缆或无线方式进行传输、存储、重放、复制，并最终汇聚成庞大的知识资源库。这种外在的信息概念，即造成差异的差别，是通信工程师和计算机科学家最耳熟能详的。

大卫·查默斯，一位在哲学界享有广泛声誉的学者，深信我们可以通过信息论来理解意识。在探讨意识的**两面性**时，他提出了一个重要的假设，即信息具有两种根本属性：外在属性和内在属性。其中，信息的这个隐藏的、内在的属性就是作为这样一个系统像是什么的**感受**；要成为一个信息处理系统，些许的意识，或者说最小限度的感受质是必要的。这就是宇宙存在的方式。任何事物，只要具有可分辨的物理状态，无论是简单的两种状态（如开－关转换器）还是复杂的数十亿种状态（如硬盘或神经系统），都拥有主观的、短暂的、有意识的状态。而且，离散状态的数目越多，有意识经验的数量就越大。

查默斯对两面论（dual-aspect theory）的构想过于简略。单纯从信息总量的角度来考虑意识的产生是不够的，因为意识并非仅随信息比特的累积而增长。在何种意义上，一个存储容量为 1 千兆字节的硬盘要比一个 128 千兆字节的硬盘拥有更低水平的情识？当然，重要的不仅仅是积累越来越多的数据，还有各个数据位之间的关系。系统的架构，即它的内部组织，对于意识而言至关重要。但是查默斯的想法与系统的架构（即系统的内部组织）无关。因此，它们没有解释脑的某些部位为什么比其他部位对意识更重要，也没有解释无意识与有意识行为之间的差别，等等。

在我们的不懈探索中，弗朗西斯和我提出了一种更为精致的两面论版本。该理论的核心概念源自朱利奥·托诺尼论述的**整合信息**（integrated information），当时他正与杰拉尔德·埃德尔曼一起在加利福尼亚拉荷亚的神经科学研究所进行合作研究（朱利奥现为威斯康星大学麦迪逊分校教授）。埃德尔曼是一位杰出的免疫学家，他的贡献在于帮助解析了抗体的化学结构，并因此荣膺诺贝尔奖。

朱利奥安排我们在埃德尔曼的神经科学研究所的优雅庭院中共进午餐。此次聚会，生物学界的两位元老在场，他们彼此较劲，氛围略显紧张。然而，尽管气氛紧张，聚会仍然充满了友善与和谐。令人难以忘怀的是那精致的美食以及埃德尔曼所讲述的精彩笑话和引人入胜的趣闻。我们这些年轻人彼此倾慕，并且这种倾慕与时俱增。

在那天下午，我们四人共同探讨学习。弗朗西斯和我深入理解了他们的理论观点——他们重点强调皮层－丘脑复合体的全局性和整体性，并特别关注沉默的重要性（即"未演奏乐器"的重要性）。（我将用几页篇幅澄清这个含义模糊的评论。）同时，他们也开始理解我们所坚持的观点：在寻找意识的神经相关物时，我们应关注神经元及其连接的局部的特定属性。

下面，我将为你阐述朱利奥的观点。

整合信息理论

根据通常的看法，任何意识状态都包含大量的信息。实际上，每一种感受都是独一无二的；因此，你无法再次经历完全相同的感受，永远都不可能！此外，每一种意识状态都会排除无数其他的体验。当你身处一个黑暗的房间，睁开眼睛时，你什么都看不见。这种纯粹的黑暗似乎是你所经历过的最简单的视觉体验。你可能认为它几乎没有传达任何信息。然而，这种漆黑的知觉印象意味着你无法看到安静明亮的客厅、约塞米蒂国家公园半穹顶的花岗岩石表面、过去或未来曾拍摄的任何一帧电影画面。你的主观体验隐含地排除了你原本能够看见、想象、听到、闻到的一切其他事物。这种不确定性（也被称为熵）的减少就是信息理论之父、电气工程师克劳德·香农对信息的定义。因此，我们可以得出结论：每种有意识的体验都富含信息，并且具有高度的**差异化**特性。

有意识状态的一个共同特性就是，它们**高度整合**。无论哪种意识状态，都是一个单子或一个单位——它无法被分割成可被独立体验的组分。不论我们如何努力尝试，我们都无法看到一个既黑又白的世界；（如果不闭上一只眼睛或不做类似的把戏的话）你也无法只看见你视域的左（右）半部分。在书写这段文字的过程中，我沉浸在阿沃·帕特的《纪念本杰明·布里顿之歌》（*Cantus in Benjamin Britten*）这首深沉的哀乐之中。我感受到了整个音响域的细腻变化。我无法抗拒管钟的魅力，也无法不陷入最后的沉寂。这是一种单一的忧惧。

我深知，所有信息均会以整体和完整的形式呈现在我的心智之中。意识的统一性建立在我的脑的相关部分之间的多重因果交互之上。如果脑的不同区域出现片段化、分离或割裂的现象，正如麻醉状态下的表现，那么意识将不复存在。相反，当多个脑区实现同步激活（EEG信号呈现齐升或齐降状态，比如在深度睡眠中所呈现的那样）时，尽管脑的整合程度较高，但具体信息的传递却极为有限。

朱利奥的整合信息理论源于两个重要的公理：**任何有意识系统必定是一个单一的、整合性的存在物，它具有大量高度分化的状态。**这就是他所倡导的整合与分化，也是他理论的核心所在。这构成他的单子。不多，也不少。

在我那台光滑的苹果笔记本上，硬盘的存储容量远超我的记忆容量。然而，硬盘上的信息并未得到整合。笔记本上存储的家庭照片彼此之间也缺乏关联。随着时间流逝，照片中的小女孩逐渐成长为优雅的成年人，而笔记本却无法理解照片中的女子即为我的女儿；此外，我在日程表中写下"加比"（Gabi）①来意指与照片中的人见面，但计算机却无法识别这一含义。在计算机看来，所有这些数据并无区别，无非是由0和1构成的随机代码。只有我才能从这些照片中发掘

---

① 作者女儿加布里埃勒（Gabriele）的昵称。——译者注

出含义，因为我的记忆立足于现实，并与无数其他事实和记忆相互交织。这些记忆之间的关联越多，其意义也就越丰富。

朱利奥将这些公理以严谨的形式表达为其整合信息理论的两大基石。他提出，任何处于特定状态的物理系统所产生的**有意识体验的数量**，等同于该系统在那种状态下所产生的整合信息的数量。这个数量必须大于由系统的各个部分所产生的信息。同时，该系统必须在大量的状态（分化）之间进行分辨，并且必须作为一个统一整体的一部分这样做；这个统一整体不能被分解为一组在因果上相互独立的部分（整合）。

考虑一个处于特定状态的神经系统，在这个系统中一些神经元正在放电，其他的则保持静默。以这种状态下脑会体验到红色为例。脑之所以能如此，是因为它能跨越广泛分布的神经元来整合信息，而这些信息是无法通过将脑分解为更小的、独立的成分来生成的。如前所述，当连接脑的左右半球的胼胝体被完全切断时，两个脑半球就无法再进行信息整合。从信息的角度来看，整个脑的熵现在等于左右半球两个独立熵的总和，而整合信息变为零。作为整体的脑不再有意识体验。相反，每个半球单独整合信息，尽管每个半球整合的信息比整个脑整合的信息少。在裂脑患者的案例中，他们的头颅内存在两个分离的脑和两个有意识的心智。每个心智都拥有另一半球未知的信息。这引发了一个关于自我连续性的问题——一个既引人深思又令人不安的问题。自我感和个体感是被传输到了两个半球，还是仅与占主导地位的语言半球相关联？这类问题尚未得到充分的探讨和考虑。

在极少数的情形中，颅连双胞胎的出生可能会产生相反的现象。在最近的一个连体婴儿案例中，两个女孩的丘脑相互连接，为上述问题提供了有力的证据。每个女孩似乎都能感知到另一个女孩所看到的事物。如果这一现象属实，那么这将是一种非凡的脑与心智的混合，其带来的兴奋远远超出了瓦格纳歌剧中特里斯坦与伊索尔德身份解离时的狂喜。

整合信息理论引入了一种可以精确把握意识程度的度量，叫作 Φ（phi，发音为 fi）。Φ 以比特表示，能够量化当系统进入特定状态时，在系统各部分独立产生的信息之外，系统中不确定性的降低程度。（记住，信息就是不确定性的降低。）系统的各个部分——模块——尽可能多地解释非集成的独立信息。如果脑的所有单独加以考虑的部分已经解释了多数信息，那么进一步的整合几乎不会出现。Φ 能够衡量该网络当前状态中协同（synergistic）的程度，在这个程度上系统要大于其部分之和。因此，Φ 可以被视为对网络整体性的一种度量。

整合信息理论做出了许多预测。其中一个有点反直觉但却强有力的预测是，整合信息产生于系统内部的因果交互。

当那些交互不再发生时，即使系统的实际状态保持不变，Φ 也会减少。

或许与你一样，我也惊叹于迪拜的哈利法塔——它在沙漠的蔚蓝天空下巍然耸立，其高度约有 1 000 米。当我在我的计算机屏幕上看到这座摩天大楼时，我的视觉皮层中表征其形状的神经元被激活了，而我的听觉皮层几乎是沉寂的。假定我的听觉脑（皮层）中的所有神经元因巴比妥类药物的短效作用而沉默，而我的形状神经元继续对这个像阴茎一样的结构产生反应，我将不会听到任何声音。直觉上，如果最初没有声音，那么也就不应该有多大差别。可是整合信息理论预测，即使在这两种情况下我的脑活动相同（是视觉形状中心的活动，听觉区没有任何活动），Φ——以及相应的知觉体验——也会有所不同。神经元可以放电但却不放电这一事实是有意义的，这与神经元因为被人为压制而不放电的情况完全不同。

在《福尔摩斯探案集》的名篇《银驹》（Silver Blaze）中，故事情节围绕着"狗在夜晚的离奇事件"而展开。福尔摩斯先生以其独特的洞察力，向那位无能的警探指出，狗的沉默是一个关键线索。如果狗的嘴被捂住，那并不引人注目。但若狗的嘴没有被捂住而它却没有发出叫声，那就说明它认识凶手。在脑内也是如此。皮层－丘脑管弦乐队的所有乐器，不管是演奏的乐器还是没有演奏的乐器，都至关重要。尽管在感受质的实际差异上可能微乎其微，但灵敏的心理物理学技术应该能够识别并区分这些差异。

朱利奥的整合信息理论的这个整体方面并没有否定脑的某些部分对于某些类别的感受质比其他的更重要。关闭皮层中的视状中心将导致对摩天大楼的知觉印象几乎完全消失，但这并不会对世界产生声响的方式造成显著影响。相反，关掉听觉皮层几乎不会影响我们对世界最高建筑的视觉感知，但却会导致听力丧失。因此，探索颜色、声音和自主性的神经相关物仍然有意义。

要计算 Φ 的值，其难度之大令人咋舌。原因在于，我们必须考虑系统所有可能的分割方式——将网络分为两部分的所有方式，将其分为三部分的所有方式，依此类推，一直分割到原子层次，在这个层次，组成网络的所有单元都被认为是孤立的。在组合数学中，所有这些分割的数量叫贝尔数（Bell's number）。其数值之大，令人惊叹。以秀丽隐杆线虫的神经系统为例，该系统仅包含 302 个神经元。然而，即便如此，对于这样一个相对简单的神经系统，其可能的分割方式所形成的数值也是一个庞大到惊人的数字——10 的 467 次方。显然，计算任何神经系统的 Φ 值都绝非易事。因此，为了能够更有效地进行此类计算，我们不得不借助一些启发式方法、近似算法或快速键入法等手段。

小网络的计算机模拟表明，这类网络要获得高 Φ 值是很困难的。在一般情况下，这类回路仅拥有几个比特的整合信息。高 Φ 值网络既需要专门化又需要整合，这是皮层-丘脑复合体中神经回路的典型特征。Φ 值代表了与网络中因果交互相关的意识状态的多少。一个系统的整合程度和分化程度越高，它就越有意识。

神经元之间动作电位的同步发放是实现整合的另一种重要手段。请注意，如果所有脑神经元同步放电，如癫痫大发作时的情况，整合将达到最大程度，而分化将降至最小。因此，我们需要在这两个相对立的趋势之间寻找最佳平衡点，以实现最大的 Φ 值。

就神经连接而言，大脑皮层中椎体神经元的显著特征是，它们具有大量的局部兴奋性连接，而与远处神经元的连接较少。由这类组分构成的网络在数学上被称为**小世界图**（small-world graphs）。在该类网络结构中，任意两个单元或皮层神经元仅需经过几个突触的传递即可相互连接。这一特性往往能够实现 Φ 的最大化。

相反，对于由许多小的、准独立的模块构成的网络，Φ 值较低。这也许可以解释为什么小脑尽管拥有大量神经元但却对意识贡献有限：其突触组织的结构类似于晶体，导致各模块间的活动相对独立，远距离模块间的交互微乎其微。

关于演化为什么偏好 Φ 值高的系统，目前尚无确凿的证据。那么，Φ 值高的系统有什么行为上的优势吗？

　　高 Φ 值系统具备的优势在于其能够融合来自不同传感器的数据，进而进行深入思考并对未来的行动方案进行规划。对于 Φ 值较高的通用神经网络，如皮层－丘脑复合体，其在处理突发及异常情况，即所谓的"黑天鹅"事件时，将展现出比专用网络更为优越的性能。与此同时，相较神经元数量相同但整合能力较低的生物脑，具有高 Φ 值脑的生物应该能更好地适应一个有众多独立行动者在各种时间尺度上活动的世界。

　　在处理这个问题时，我们需要明确一点：Φ 值较高的脑会以某种方式优于整合程度较低的脑，即前者更能适应复杂的自然环境。这证明意识将有益于生存，因为 Φ 值较高的生物在生存方面将具有更大的优势。如果我们无法找到这样的证据，那么尽管整合信息理论不会被轻易推翻，但是它会使体验成为副现象。

　　整合信息理论面临的另一个重大挑战在于如何解释无意识现象。根据该理论的假设，无意识过程的整合程度应该低于有意识过程的整合程度。然而，许多传统上被认为是无意识的特性，其复杂性不容忽视。从算法的角度进行深入分析，我们不禁要问：与依赖有意识心智的任务相比，它们的协同作用更低，但劳动强度更高吗？在第六章，你已经了解了感觉－运动僵尸行动者，它们展现出高度的适应性，但同时也表现出刻板的行为模式。这些行为依赖于专门化的信息。为了更好地理解这一现象，我们需要进一步发展描记技术，这些技术可以追踪在清醒状态下高度聚合的主要复合体，并能将其与脑中那些活跃但整合程度较低、介导无意识过程的部分区分开来。

整合信息理论不仅明确了与系统每种状态相关的意识的总量 Φ，而且精准地捕捉到了体验的独特品质。整合信息理论通过全面考虑底层物理系统的所有信息关系的集合，实现了这一目标。具体来说，产生整合信息的方式不仅决定了一个系统拥有多少意识，也决定了它拥有的意识的种类。朱利奥的理论通过引入感受质空间的概念，即其维度等同于系统能够占据的不同状态的数目，成功地实现了这一点。对于一个包含 n 个二进制交换元素的简单网络，感受质空间有 $2n$ 个维度，每个维度对应于一种可能的状态。每个轴表示系统处于该状态的概率。

在物理系统中，任何状态都可以被精准地映射到这个想象的多维感受质空间中的一个特定形状上。用专业术语来讲，它被称为**多胞形**（polytope），但我更倾向于使用**晶体**（crystal）这一更具诗意的词来描述它。对于处于特定状态的神经系统，其在感受质空间中都与一个特定的晶体相关联。这个晶体是由信息关系决定的。一旦神经系统转换到另一种状态，与之相关的晶体便会发生相应的改变，反映出网络部分之间不同的信息关系。每种有意识的体验都可以通过与其相关的晶体获得完整且精确的描述。而不同状态的感受之所以各不相同，是因为每个晶体都具有其独特的几何形态。"看见红色"的晶体与"看见绿色"的晶体的几何形态都是独一无二的。同样，"颜色体验"的拓扑结构与"看见运动"或"闻到鱼"的拓扑结构也存在显著差异。

这个晶体不同于底层机械的因果交互网络，因为前者是现象体验，而后者是一个物质事物。该理论主张宇宙中存在两种无法相互还原的属性，即心智属性和物理属性。这两者通过一个既简单又精致的规律——整合信息的数学——相互关联。

晶体是需要从内部进行观测的系统。它是头脑中的声音、头颅中的光亮。它就是你对世界所知的全部。它是你唯一的实在。它是体验的实质。由于上万亿维度空间中独特各异的晶体，忘却往事者（lotus eater）的梦、禅修僧人的正念和癌症患者的极大痛苦都有各自不同的感受——这确实是一种让人欢欣的景象。通过将整合信息的代数学转化为体验的几何学，我们得以验证毕达哥拉斯的理念，即数学是最终的现实：

> 数是衡量形式和观念的标准，也是神灵和恶魔出现的原因。

莱布尼茨可能会对整合信息的成果感到满意。

基于该理论，我们能够研发一款**意识仪**。无论是潮湿的生物回路，还是蚀刻在硅片上的电路，这个小小的仪器都能利用任何由相互作用的组件构成的系统的布线图来评估该系统所具有的意识范围。该仪器通过扫描系统的物理电路，并读取其活动水平，计算出 Φ 值以及网络当前体验到的感受质的形状。为了确定晶体的形状代表的是脚趾的疼痛还是满月下玫瑰的芳香，我们还需要进一步发展几何微积分技术。

泛心论与德日进

经过深思熟虑，我强调任何网络均具备整合信息。这个理论在这一点上是非常明确的：如果系统的功能连接和架构能够产生一个大于 0 的 Φ 值，那么该系统至少具备一定程度的体验。这包括了地球上每一个活细胞内多样变化的生物化学和分子调控网络，同时也涵盖了由固态器件和铜线构成的电子电路。事实上，在一篇写给计算机科学家的文章中，朱利奥和我认为人工智能难以捉摸的目标——模仿人类的智能——最终将由能够关联和整合世界上大量信息的机器来实现。它们的处理器将有极高的 Φ 值。

无论有机体或人工物是来自动物界的古老王国还是来自其近期的硅产物，无论这个东西是用腿走路、用翅膀飞，还是用轮子滚动，只要具备了分化和整合的信息状态，那么这个系统就都会拥有感受，具备内在视角。虽然与这些事物相关的现象体验在复杂性和维度上可能存在极大的差异，但每一种现象体验都有其独特的晶体形状。

根据这一标准，亿万具备情识的人工物——从个人计算机、植入式处理器到智能手机——将在 21 世纪加入地球上万亿有意识的有机体行列。在独立存在的情况下，这些人工物可能仅具备最基本的意识，仿佛是点亮黑暗的微弱火花。然而，当汇聚一堂时，它们便能共同照亮整个现象空间。

在我们的星球上，存在着数十亿台计算机，它们通过互联网相互连接。每一台计算机都由数以百万计的晶体管构成。这些晶体管遍布整个网络，其总数达到了惊人的 10^{18} 数量级，这是单个人脑中突触数量（10^{15} 数量级）的 1 000 倍以上。在中央处理单元中，一个晶体管的典型闸极（gate）通常只与少量的其他闸极相连接。然而，一个皮层神经元却能与成千上万的其他神经元相连接。换句话说，神经元的组织方式所获得的信息整合度是二维硅技术难以企及的。

然而，这个网络可能已经具备情识。要识别它的意识，我们需要观察哪些迹象呢？在不远的将来，它是否会自行开始行动，通过其自治性以一种令人担忧的方式让我们感到惊讶？

这并非问题的全部。甚至简单的物质也具备一点点 Φ。质子和中子都由三个在孤立状态下无法被观测到的夸克组成。它们构成了一个极其微小的整合系统。

通过假定意识是宇宙的基本特性，而非涌现于更简单的成分，整合信息理论呈现出一种精致的**泛心论**（panpsychism）形态。由于内在的优雅性、简洁性以及逻辑一致性，所有事物在一定程度上都具有情识的假说极富吸引力。一旦我们认定意识是真实存在的，并且在存在论上有别于其物质基质，那么就很容易得出结论，认为整个宇宙充满情识。我们被意识环绕和浸没，无论是呼吸的空气、脚下的土地、寄生于肠道的细菌，还是使我们能够思考的脑，无处不存在着意识。

苍蝇的 Φ 实际上远远低于我们处于深睡时体验到的 Φ，更不用说细菌和粒子了。它们至多对某物有一种模糊和无差别的感受。根据这种测度，苍蝇的意识程度比处于深睡中的你还要低。

在探讨泛心论的过程中，我时常遭遇他人的误解与冷眼。这一信念相悖于人们根深蒂固的直觉，即情识仅为人类及少数近缘物种所拥有。然而，正如我们在年幼时曾误以为鲸鱼是鱼类而非哺乳动物，我们的直觉并非始终正确。因此，我们需要逐渐适应这一观念。要确认原子意识的真实性，我们需要构建相应的理论来支持我们的观点。

泛心论在佛教和西方哲学中均拥有深厚的历史底蕴，其发展脉络跨越了多个时代。从米利都的泰勒斯（一位前苏格拉底时代的思想家），到希腊时期的柏拉图、伊壁鸠鲁等哲学家，再到启蒙运动时期的斯宾诺莎和莱布尼茨，以及浪漫主义时期的叔本华和歌德，这一理论的影响力贯穿了整个哲学史。直至 20 世纪，泛心论依然在哲学领域占据重要的地位。

这让我不禁联想到耶稣会教士和古生物学家德日进。他曾参与北京猿人（直立人的成员）的考古发掘工作。他最著名的作品《人的现象》在他生前遭到罗马天主教会的抵制，直到他去世后才得以面世。在这部著作中，德日进借助达尔文的演化学说，生动地描绘了精神在宇宙中的出现。他提出的**复杂化律**（law of complexification）认为，物质有一种组织成日益复杂的组群（groupings）的内在动力。而这种复杂性最终孕育出了意识。德日进对泛心论持鲜明的态度：

> 我们被迫在逻辑上做出这样的假定，即心灵的某种……初级形式存在于每个微粒之中，甚至存在于那些大分子以及位于其之下的微粒之中，它们的复杂性如此之低，以至于我们无法感知到它（即心灵）。

德日进并未止步于分子层面。不，精神还在继续上升。在动物界，意识的原始形态因自然选择的强大力量而高度发展。而在人类社会，觉知转向自身，形成了自我觉知。正是在此背景下，朱利安·赫胥黎提出："演化不过是物质意识到它自身。"复杂化进程从未停止，如今已延伸至**心智圈**（noosphere）。这一无数人类心智的交互非常明显地表现于当代城市社会中：

> 从有意识反思的最初火花开始，光晕逐渐向外扩散。着火的点不断增加，火光在不断扩大的圆环中蔓延，最终使整个星球为炽热的光芒所笼罩。这标志着新层次，即思维层次的诞生，它已超越植物和动物的世界。换言之，在这个生物圈之外和之上，存在一个心智圈。

如果因特网有守护神，那么它非德日进莫属。

我们没有充分的理由认为，复杂性只应局限于我们这个太阳系的蓝色星球。德日进深信，整个宇宙正朝着他所称的**欧米伽点**（Omega point）演化。在这个过程中，宇宙通过最大限度地提升复杂性和协同性，得以觉知自身。德日进的观点具有强烈的吸引力，因为它与生物多样性和复杂性随演化过程而增加的趋势相一致，同时也与我刚才概述的关于整合信息和意识的观点相契合。

可是，我们还是不要太过激动。朱利奥的整合信息理论详细阐述了蜜蜂的意识区别于有大尺寸脑的两足动物的意识，并就如何建造有情识的机器做出了预测和提供了蓝图。相比之下，泛心论并未涉及这些内容。

整合信息理论目前仍处于初级阶段，尚未涉及系统输入与输出之间的关系（例如，与智能领域著名的图灵测试不同）。整合信息涉及发生在系统内部的因果交互，而不涉及它与外部环境的关系（尽管外部世界在演化过程中深刻地形塑了系统）。而且，该理论尚未涉及记忆或计划活动。我并不是说它是意识的终极理论，但无疑它是朝着正确方向迈出的重要一步。若最终它被证明是错的，其错误也将以有趣的方式阐明了意识这个问题。

结语：一个卑微的想法

培根和笛卡儿是科学方法之父。培根生活和去世的时间都比笛卡儿早 20 多年，而在许多方面他都是笛卡儿的英国对手。笛卡儿作为演绎论支持者的典范，倾向于通过一个主导原则去探寻普遍规律。而培根是一个完美的经验主义者，他以一种归纳方式检视自然现象并按数据说话。科学的发展，正是在培根式的自下而上分析与笛卡儿式的自上而下分析的交互中不断前进。尽管存在反对声音，但通过将经验实证、临床研究与数学理论相结合，科学终将实现对意识的解读，并逐步创造出具备意识的人工物。

至此，让我以一个卑微的陈述结束本章。宇宙是一个陌生之域，我们对它仍知之甚少。仅在 20 年前，科学家才发现，构成恒星、行星、树木以及我们自身的物质，仅占宇宙中质能的 4%。另外 1/4 为冷暗物质，剩余的部分则是一种名为暗能量的神秘物质。至今，宇宙学家并不清楚暗能量是什么以及它遵循什么规律。正如小说家菲利普·普尔曼在其《黑质三部曲》中所设想的，这些幽灵般的物质与意识之间是否存在某种微妙的联系？尽管可能性微乎其微，但我们仍不能完全排除。毕竟，我们的知识仅如同一束摇曳的火光，试图照亮那环绕我们的无边黑暗。因此，在探寻意识的源泉时，我们应该保持开放的心态，尊重其他合理的替代解释。

第九章

　　我将简要介绍一款用于探测意识的小型电磁装置，阐述利用基因工程技术追踪小鼠意识的研究工作，并呈现构建皮层观测平台的过程。

在恒星这一主题上，所有最终无法简化为单纯视觉观察的研究……均将被我们视为无效。……我们无法采用任何方法来研究恒星的化学成分。

——奥古斯特·孔德

《实证哲学教程》

(*Cours de Philosophie Positive*, 1830–1842)

意识是实在的一个根本的、不可还原的方面吗？或者，依照多数科学家与哲学家的看法，它是否源于有组织的物质？在离世之前，我亟欲求得答案；故我无法忍受无尽的等待。哲学之争虽引人入胜，甚而有所助益，然而它未能解决根本问题。探寻物质之水如何化为意识之酒的最佳路径，在于理论发展与实验的有机结合。

在现阶段，我将暂不考虑一些琐碎的争论，例如意识的准确定义，以及意识是否只是无法影响世界的副现象。同样，关于"我的内脏是否有意识但无法向我传达"这一疑问，也留待日后研究。尽管这些问题都值得我们深入研究，但现阶段对它们的过度关注只会阻碍我们的进步。我们不应为哲学上哗众取宠的主张和关于意识的"难问题"所误导，认为这些问题将永远困扰着我们。哲学家所依赖的是信念体系、简单的逻辑和各种观点，而非自然规律和事实。他们提出了一些有趣的问题，这些问题确实带来了挑战性的困境，但他们在预言方面的历史记录并不出色。以奥古斯特·孔德为例，这位法国哲学家、实证主义之父曾自信地宣称我们永远无法理解恒星的物质构成；然而几十年后，恒星的化学成分却通过光线的光谱分析被推导出来，进而直接促成了气体氦的发现。不妨听听弗朗西斯·克里克的看法，他是一位在预言方面有着更好记录的学者："谈论超出科学范围的事物是非常轻率的。"没有任何理由可以阻止我们最终理解现象心智是如何融入物理世界的。

我的进路是直截了当的，但在我所在的学术圈，这一进路被不少同人视为不明智和不够成熟。我将主观体验视作给定的事实，并认为脑活动对于任何形式的体验来说已经足够。尽管内省和语言在社会生活中扮演至关重要的角色，且对文化与文明的维系具有支撑作用，但我仍认为它们对于体验某一事物来说并非必要条件。基于这些假设，我们得以以前所未有的精度来研究人类和动物意识的脑基础。让我向你举两个实例，以便更好地阐述我的观点。

严重受损患者的意识测量仪

当你从无梦的深度睡眠中醒来时，你什么都不记得了。前一刻你还在对一天的事情进行回顾，下一刻你就知道自己早上醒来了。与 REM 睡眠（这时往往伴有生动奇异的梦境体验）不同，意识在非 REM 睡眠期间处于低潮。可是在身体睡眠时，脑却非常活跃。要证实这一点，只要看看睡眠时脑活动的 EEG 痕迹——慢而深的规则波——就会一目了然。此外，皮层神经元的平均活动同完全清醒期间的活动是一样的。所以，为什么这一期间意识会消退呢？根据上一章所讨论的朱利奥·托诺尼的理论，如果深度睡眠时的整合程度低于清醒状态，那么意识就会消退。

朱利奥与年轻的同事马塞洛·马西米尼（Marcello Massimini，现为意大利米兰大学教授）开始着手证明这一点。他们利用经颅磁刺激（TMS）技术，向志愿者的脑部发送一个高场磁能脉冲。在实验过程中，他们将塑料绝缘线圈环绕在志愿者的头皮上，通过放电使颅骨下的灰质内产生短暂的电流。由于电流刺激，志愿者会有轻微的刺痛感。这个脉冲成功地激发了脑细胞和附近的通道纤维，它们反过来引起与突触连接的神经元做出一连串反射活动。在不足 1 秒钟内，这种兴奋就会消失。

在实验中，朱利奥和马塞洛采用 64 个电极对头皮进行精密操控，观察受试者处于安静休息或睡眠状态时的脑电活动。当受试者清醒时，EEG 会随着 TMS 脉冲呈现出一种典型的快速反复波的动态模式，这种模式大约持续 1/3 秒。对EEG 信号的数学分析表明，存在一个高振幅电位的热点，该热点位于 TMS 线圈的上方，并会从前运动皮层传递至与另一脑半球相对应的前运动皮层，同时还会传递至脑后部的运动皮层和后顶叶。可以形象地将脑比喻为一个巨大的教堂钟，TMS 装置则类似于敲击钟的槌。一旦进行敲击，这个精良铸造的钟将以它独特的音高回荡相当长一段时间。同样，清醒状态下的大脑皮层也会在每秒钟内嗡嗡作响 10~40 次。

相反，当受试者处于睡眠状态时，其脑部表现得就像一个受到抑制且严重失衡的时钟。尽管其 EEG 信号的初始振幅在睡眠状态下比清醒状态下更大，但其持续时间却更为短暂，且无法通过皮层向其他关联区域进行反播。尽管从强烈的局部反应来看，神经元仍然保持活跃，但神经元的整合功能却已瓦解。正如所预测的那样，那些在清醒状态下出现的典型的脑电活动（这些活动表现为空间上分化且时间上富于变化的序列）在睡眠状态下几乎完全消失。全身麻醉的受试者同样如此。与朱利奥的理论一致，TMS 脉冲无一例外地会产生一个简单的局部反应，这表明皮层之间的交互已瓦解，整合程度降低。至此，该理论胜出一局。然而，情况还有可能进一步改善。

在第五章，我详细阐述了植物状态患者的情形。这些患者由于遭受严重的脑部损伤，虽然仍维持着基本的生命体征，但却处于一种极度的身体和精神障碍状态。虽然他们保持着睡眠和觉醒的周期性变化，但他们的认知和运动能力受到严重限制——他们无法进行任何有目的的活动，并且需要长期卧床。相比之下，处于最小意识状态（MCS）的患者表现出一些非反射性的行为反应，比如能够追踪目标物或对简单的指令做出言语或肢体反应。尽管意识已经从处于植物状态的患者身上消失，但在 MSC 患者身上还部分保留着。

神经病学家史蒂文·洛雷、马塞洛·马西米尼、朱利奥以及他们的同事测量了这类患者脑整合的范围。他们对睁开眼睛的患者的顶叶或额叶实施了 TMS 脉冲检测，并进行了严谨的实验分析。实验结果表明，（当确实有任何反应时）处于植物状态的患者表现出简单和局部的脑电反应，通常为一个缓慢的正负波，这与深睡眠和麻醉状态下的反应类似。而对于 MCS 患者，磁脉冲能够引发预期的复杂脑电反应，这种反应在不同皮层区域具有多重病灶。此外，研究团队还从重症监护室中招募了五名苏醒的患者，其中三名最终恢复了觉知，另外两名则没有。在恢复意识的患者中，意识恢复前表现出磁脉冲延长和复杂化的脑电反应，这些反应从单一的局部波逐渐演变为更丰富的时空模式。综上所述，评估整合程度的马西米尼－托诺尼方法可以充当一个粗略的意识仪，检视严重受损患者的意识水平。与具有少量电极的 EEG 装置组合的小型 TMS 线圈能被轻易地组装成一个临床实践仪器。在有意识期间，皮层－丘脑的整合度要高于在植物人或非意识状态期间。基于这一发现，研究者能够更精确地区分真正无意识的患者与部分或完全有意识的患者。

运用光遗传学追踪意识的踪迹

当深入观察狗的眼睛时，你能够察觉到，尽管其心智与我们存在显著差异，但两者之间却存在某种关联。狗与人类都对生命有体验。人类往往自视为与众不同，认为自身因意识的眷顾而凌驾于其他生物之上；这一观点源于犹太－基督教的传统信仰，即人类在万物中有特殊的地位和优选权；然而这一信念完全基于宗教信仰，并无实证基础。实际上，人类并非独一无二。我们只是浩瀚物种中的一个。尽管我们与众不同，但每个物种都有其独特之处。从科学的角度来说，这意味着我们能够通过研究其他有情识的生物来进一步探究意识。

但在此之前，我们需要解决一个紧迫的伦理问题。人类是否有权将其他物种的福祉置于对自身欲望的满足之下？当然，这是一个复杂的议题。但长话短说，唯一可能的理由是减少或预防人类这种习惯自省的生物所遭受的痛苦。

在一起驾车逃逸事故中，我目睹了一只狗的后腿被轧断。在兽医的指导下，这只狗开始使用一种双轮车作为代步工具，通过两条腿和两个轮子的配合来进行移动。尽管它的行动变得迟缓，但它是我见过的最快乐的狗，它似乎完全忘记了自己的伤痛。仅仅看着它，我就深感悲戚。它没有认知能力去思考可能发生的事情——它无法想象如果没有那场事故，它会过着怎样的生活，它会如何东奔西跑。它活在当下。而人类恰恰相反，我们"被赐予了"前额皮层，可以想象未来的各种可能性，思考本可以过上的生活。想象一位因路边炸弹爆炸而失去一条或多条肢体的退伍军人，这样的残疾对于拥有前额皮层的他来说要难以承受得多。

为了减轻人类的痛苦，以一种侵入性的方式研究动物，这是唯一有道德价值的理由。我的一个女儿死于婴儿猝死综合征；我的父亲饱受帕金森病的折磨；他的一个朋友因严重的精神分裂症发作而自杀；阿尔茨海默病在我们生命的最后时刻等待着我们。消除这些折磨脑的疾病需要进行动物实验，这要求实验者具有关爱和慈悲之心，同时尽可能争取动物的配合。

在将实验对象从人类转为动物后，我们能够直接探测动物的脑部活动，这在人类实验中是无法实现的。然而，这种转变也意味着我们失去了受试者向我们报告其体验的可能性。对于婴儿和严重残疾的病人来说，他们同样无法提供此类报告。因此，正如父母通过观察新生儿的举动来推断其感受一样，我们必须采用更为巧妙的方式，通过观察动物的行动来推断其可能的体验。

在研究知觉和认知的过程中，心理学家和神经科学家通常选择旧大陆猴作为实验对象。它们没有濒临灭绝，并且它们的大脑皮层有许多类似于我们的沟回。人脑的重量约为 3 磅，拥有 860 亿个神经元，猴脑则相对较轻，仅重 3 盎司[①]，包含 60 亿个神经元。正如我在第四章所讨论的，猴子和人一样能够感知到许多视错觉。这一共性为我们提供了一个独特的机会——我们可以使用微电极和显微镜观测单个神经元的活动，深入探究视知觉的机制。

然而，我之前提到的一项惊人的技术突破，使得卑微的小鼠（其脑重不足 0.5 克，仅有 7 100 万个神经元）成为科学家最有希望率先识别意识的细胞踪迹的生物。

每一代天文学家在探索宇宙的道路上，都会发现宇宙的浩瀚远超前人的想象。同样，在研究脑的复杂性方面，每个

---

① 1 盎司约合 28.3 克。——译者注

时代最尖端的技术也会揭示出更多层次的嵌套复杂性，就像俄罗斯套娃一般无穷无尽。

动物体内含有众多不同类型的细胞，如血细胞、心脏细胞、肾细胞等。同样的逻辑也适用于中枢神经系统。在神经系统中，存在多达上千种不同的亚类型神经细胞以及胶质细胞和星形胶质细胞等配角。这些不同种类的细胞均由各自的分子标记、神经元形态、位置、突触架构以及输入－输出加工方式进行界定。在视网膜上，大约存在 60 种神经细胞类型，每一种类型都能完全覆盖视觉空间（这意味着视觉空间中的每一个点都至少为一种类型的细胞所处理）。这一数字在脑区的代表性大致相同。

各种细胞类型以特定的方式相互连接。在新皮层中，第五层存在一种锥体神经元，其轴突细如蛛丝，能够蜿蜒伸展至中脑内的丘系。同时，附近的锥体细胞的轴突在发送信息至另一个皮层半球之前，会分出侧枝，与邻近区域进行交互。此外，还有一些锥体细胞能够向后传递信息至丘脑，通过一个复本（经由一个分支轴突）传递到网状核。我们可以合理地推测，每种细胞类型都向其目标传递独特的信息。这是因为，如果单一轴突通过分叉能够激活不同的目标，那么就没有必要存在多种类型的细胞。此外，存在大量的局部中间神经元，这些神经元具有抑制功能，并且每个神经元都以自己独特的方式来减弱其目标。所有这一切都为细胞之间基于大量的组合回路模体进行交互提供了非常丰富的基质。请想象一个场景，其中存在 1 000 种不同颜色、形状和大小的乐高积木，这些积木被巧妙地组合成一个建筑体。人类大脑皮层有 160 亿个积木，这些积木是从这些类型中挑选出来，按照非常复杂的规则组装起来的；比如，一块 2×4 的红色砖块与一块 2×4 的蓝色砖块相连，但前提是它靠近一块 2×2 的黄色屋顶瓦片和一块 2×6 的绿色瓦片。由此，脑的巨大互联性得以实现。

诸如 fMRI 之类的容积组织技术能够准确地识别出与视觉、图像、痛苦或记忆相关的脑区。这是颅相学思维的复活。脑成像能够记录 100 万个神经元的动力功耗，不论它们是处于兴奋还是抑制状态，是局部投射还是全局投射，是锥体神经元还是多棘的星状细胞都是如此。然而，它们无法分辨极为重要的回路层次的细节，因此在应对当前任务时仍显不足。

随着我们对脑的理解不断深入，我们对干预和改善心智病理状态的渴望也在相应增强。然而，现今的工具——药物、脑深部电刺激和经颅磁刺激——尚显简陋和迟钝，且存在诸多不良副作用。我在加州理工学院的同事戴维·安德森（David Anderson）将它们比作试图给引擎注满油来改变汽车油料状况：虽然一些油料最终能到达恰当位置，但大部分油料会流至不当之处，其结果是弊大于利。

一项技术突破为我们提供了救星，这就是将分子生物学、激光和光导纤维融合在一起的光遗传学。该技术源于德国生物物理学家彼得·黑格曼（Peter Hegemann）、恩斯特·班贝格（Ernst Bamberg）和格奥尔格·内格尔（Georg Nagel）的开创性工作。这三位科学家专注于单细胞绿藻的光感受器工作，这些光感受器直接（而不是像你眼睛里的那样间接）将入射的蓝光转换为兴奋的正向电信号。他们成功分离出这种蛋白质的基因，这是一种跨越神经元膜的光门控离子通道，名为 ChR2。此后，班贝格和内格尔与斯坦福大学的精神病学家兼神经生物学家卡尔·迪赛罗斯以及现就职于麻省理工学院的神经工程师爱德华·博伊登展开了卓有成效的合作，进一步推动了光遗传学的发展。

该团队精心提取 ChR2 基因，经过缜密的操作，成功将其嵌入一个小病毒。随后，利用这种改造后的病毒来精准地感染神经元。神经元在接收到外来指令后，合成 ChR2 蛋白质，并将不合适的光感受器纳入它们的膜。在暗环境下，这些光感受器保持静默，对宿主细胞无任何干扰。然而，当蓝光瞬间照射时，每一个光感受器都会微妙地影响其宿主细胞。它们的协同作用触发了动作电位。因此，每当蓝光定时闪烁时，神经元都能够精确地发放一个峰值电位。通过这种精确的蓝光调控，神经元就会受到驱动从而产生峰值电位。

生物物理学家成功将一种自然出现的光敏蛋白质纳入他

们的研究工具箱。这种蛋白质源自生活在撒哈拉干盐湖中的古老细菌。当黄光照射它时，它会产生一种抑制性的负向信号。利用相同的病毒策略，科学家成功构建了一个神经元，该神经元能够在其膜内稳定合成各类蛋白质，以至于它们可以被蓝光激活或被黄光抑制。每次蓝光刺激都会诱发神经元的峰值电位，如同按下琴键听到特定的音符一样。同时发生的黄光刺激则能够抑制这种峰值电位。这种在个体神经元水平以毫秒级精确度控制电活动的能力，是前所未有的科研成果。

这项技术具有更加深远的益处，因为我们可以对携带光感受器基因的病毒进行改造，使其携带有效载荷（某种启动子），该载荷只在具有适当分子标记的细胞中才会开启病毒基因指令。因此，与其激发特定邻域的所有神经元，不如将激发限制在合成特定神经递质或将其输出发送到特定位置的神经元上。所需要的只是特定细胞类型，例如所有表达生长抑素的皮层抑制性中间神经元的分子代码。至于这些细胞为何会合成这种物质并不重要，重要的是这种蛋白质可以作为一种独特的分子标签来标记细胞，使它们易于被激光激发或抑制。

迪赛罗斯团队利用分子标记技术，成功将 ChR2 引入位于小鼠脑深处的外侧下丘脑内的一个神经元子集。在此处，不足 1 000 个细胞会产生食欲肽（也被称为下丘泌素），这是一种能够促进觉醒的激素。食欲肽受体的突变与嗜睡症这种慢性睡眠障碍存在密切关联。经过 ChR2 的引入操作，几乎所有的食欲肽神经元都成功搭载了 ChR2 光感受器，而其他混合神经元并未实现搭载。另外，通过光纤传递的蓝光能够精准且稳定地在食欲肽细胞中形成峰值波。

若在一只沉睡的小鼠身上实施此项实验，将产生何种结果？在未采用分子标记这一特定基因操作的情况下，对动物进行控制时，几百束蓝闪光会在 1 分钟后唤醒这些啮齿动物。这是评估光纤埋植手术效果的基准条件。当向携带 ChR2 通道的动物传递相同的光信号时，这些动物会在半分钟内醒来。由于光的照射激活了脑部特定区域的神经元，这些具有已知功能和定位的神经元就会产生电信号峰值，从而唤醒该动物。正是来自外侧下丘脑的食欲肽的释放驱动了这个行为。该示范研究成功地构建了脑神经元子集的电活动与睡眠－觉醒周期之间的可靠因果关系。

在过去的几年中，数十项这样漂亮的干预性小鼠实验已经让我们了解了一些有关厌恶性条件作用、帕金森病、交配、雄性－雄性攻击及其他社会互动、视觉分辨和焦虑等方面的回路要素。这些实验甚至让因视网膜退化而失明的小鼠成功恢复了视力。

在基因工程的帮助下，上述实验的各种变体均已被开发出来。在其中一些研究中，通过蓝光脉冲刺激，某些神经元能够在短时间内被激活，黄光脉冲则能将它们重新关闭，这种操作方式与电灯开关类似。在药物遗传学领域，将某种无害的化合物注入脑区，就能够开启或关闭经基因鉴定的细胞子集，从而实现对神经元集群的长期调控。随着研究的深入，神经工程师的工具集在分子层面不断丰富。

来到新视域

2011 年，我有幸以首席科学官的身份加入位于西雅图的艾伦脑科学研究所。这家非营利医学研究机构成立于 2003 年，由微软创始人兼慈善家保罗·艾伦慷慨提供种子基金，旨在推动神经科学研究的进步［座右铭是"为发现加油"（fueling discovery）］。为了达成这一目标，艾伦研究所致力于开展一种独特的、高效的神经科学研究，这种研究在高校学院式环境中是难以实现的。我们荣誉推出的旗舰成果，即在线艾伦小鼠脑图谱（Allen Mouse Brain Atlas），实现了细胞级别的精细化解析。该图谱以高度的标准化为基础，全面覆盖了鼠脑中所有 2 万个基因的表达模式，并以开放的形式供公众查阅。对于任何特定基因，你可以通过网络查找其相关的 RNA 在脑中的表达位置信息，这些信息是依据**原位杂交**（*in situ hybridization*）协议绘制的。在人类对哺乳动物脑回路建构的理解过程中，这个大规模项目具有里程碑式的意义。其他在线公共资源包括人脑图谱和鼠脑神经投射图谱。

该研究所正在深入探索神经信息的编码和转换机制。众多天文学家、物理学家和工程师共同合作，倾力打造出能够观测遥远时空的星载望远镜和地面望远镜，借此探寻宇宙及其星球成分的起源。这些大型天文台的建设将耗费十年或更长时间，并需要动用数百甚至上千名专业技术人员的专业知识。目前，我们正处于筹划心智"天文台"的初始阶段，这个"天文台"将专门被用于观测心智在（颅骨下的）脑中的运作机制。我将其命名为"心智探测镜计划"（Project MindScope）。此项计划的关键挑战在于：在小鼠进行视觉行为时，如何利用光学仪器、电子设备和计算机技术，观测数以万计的、可从基因层面辨识的回路元件的同步放电活动？

尽管我致力于探索意识的奥秘，但我选择小鼠作为研究对象，而非在演化上与智人更为接近的猴子。这并非出于偶然。从遗传学和神经解剖学的角度来看，鼠脑与人脑之间存在诸多相似之处。例如，鼠脑的新皮层相对较小且光滑，拥有约 1 400 万个神经元；尽管这一数字远低于人类——比我们少 1 000 倍——但在神经元的组织结构上，一小块鼠脑皮层与一块人类灰质的差异并不显著。不过，选择小鼠的最重要原因在于其适合进行基因操作。在所有脊椎动物中，目前人们对小鼠的分子生物机制的了解最为深入，包括 DNA 如何转录成 RNA 并转化为蛋白质。自 20 世纪 70 年代中期以来，科学家已成功开创了重组小鼠 DNA 的技术，并能够熟练地创造出转基因小鼠。对于我的研究而言，一个关键点在于研究者正在逐步揭示主要神经细胞类型的独特分子特征以及它们的投射路径。以艾伦研究所的曾红葵为例，她精于利用基因图谱技术改造小鼠。她成功地使健康的小鼠神经元表达 ChR2，这意味着在特定波长的光照射下，这些小鼠的抑制性中间神经元会发出荧光，呈现奇特的绿色或番茄红色。

这种光学与遗传学巧妙结合的重要性在于，它允许对有关心智回路的具体的想法进行测试。当小鼠眼前出现图像时，峰值波首先被触发生成，然后通过视神经传导至初级视觉皮层。在初级视觉皮层中，信号被进一步传递至其他八个视觉区；之后，信号穿过运动皮层，最终到达控制头部、前脚掌或其他肢体运动的神经元。第四章简述了弗朗西斯·克里克和我个人的猜想，即这类单一的峰值波可引发某些简单的行为，比如在几百毫秒的时间内推动一个杠杆，但却未产生有意识的感觉。在第六章，我们探讨了所有人整天都在从事的许多此类僵尸行为。我们假设，一旦皮层－皮层反馈通路或皮层－丘脑反馈通路参与其中，建立起反响活动，意识便会产生；这种反响活动表现为神经元联合体的强烈放电，这与物理学中的驻波概念有些相似。当神经活动在视觉皮层中从高层次向低层次或从前部向后部传播时，这个神经元联合体所表征的整合信息就会涌现出来，进而引发有意识的感觉或思想。

现在，我们可以在经过适当改造的小鼠身上验证这类假设：对它们进行任何一种视觉辨别行为的训练，然后瞬时阻断从高级皮层区反馈到低级皮层区的神经连接。若弗朗西斯和我判断无误，那么天生的、刻板的或者经过高度预演的视觉－运动行为将只会受到微乎其微的影响。然而，依赖小鼠意识的复杂行为将会失败。为了验证我们的假设，我们需要训练小鼠对光学双稳态错觉（optical bistable illusions）做出反应，区分背景和图形，或者学会将视觉标志与美味的食品相关联。如果皮层－皮层反馈在整个脑中被关闭，我们将创造真正的、没有现象体验的僵尸小鼠！如果反馈被重新激活，有意识的感觉就会恢复。

斯坦尼斯拉斯·迪昂所做的一项经典 fMRI 实验比较了可见的、短暂一闪而过的词与呈现时间相同但因掩蔽而不可见的同一个词之间的差异（见第四章）。实验结果显示，当该词被有意识地觉知时，前部和后部的相当大一批脑区会出现明显的激活现象。然而，当该词不可见时，血流动力学的活动则仅局限于一小批脑区。这一结果在其他研究团队使用声音掩蔽而非图像掩蔽的实验中也得到了验证。此外，阈下刺激仅能引起微弱的活动，有意识的知觉则会显著放大刺激的影响。我们没有理由不在小鼠身上重复这一实验的变体，不过，现在我们可以使用微电极阵列或共焦双光子显微镜来观测与有意识知觉相关的广泛激活所依赖的所有神经元。

对构成皮层 - 丘脑复合体的庞大、异质和纠结不清的网络的结构和功能进行系统和全面探索，其难度可想而知。几年内，艾伦研究所将对构成小鼠皮层及其输入的所有细胞类型进行完整的分类。确实，解剖学在科学领域占据至关重要的地位。正因如此，我的左臂上文着一幅由西班牙著名神经科学家圣地亚哥·拉蒙 - 卡哈尔绘制的啮齿动物大脑皮层微回路图。这一文身对于我所从事的研究工作而言，是一种无声的证明。

这些时刻令人振奋，激动人心。西雅图拥有壮丽的景色、丰富的户外文化和完善的自行车道，我在此尽情享受生活的美好。然而，有时候我也会感到些许苦恼，因为我同时担任加州理工学院的教授，肩负着指导众多学生和博士后研究人员的责任。但我始终秉持鞠躬尽瘁的精神（the you-can-sleep-when-you-are-dead school）。

在微观的分子 - 细胞层面，生物学面临着前所未有的复杂性和特异性挑战。当物质被设想为由古希腊的四种经典元素——土、水、气、火构成的混合物时，化学就无法取得实质性进展。对于意识，情况亦是如此。现象体验不是产生于活动或沉默的脑区，而是产生于神经元联合体的不断形成和分解之中，这些神经元的复杂性和表征能力是我们最亲密的思想的最终基质。

第十章

　　我将审慎思考最后一些问题，这些问题被视为有教养的科学话语之禁区，包括：科学与宗教之间的关系，上帝的存在，上帝是否介入宇宙，我导师的病故，以及我最近内心的动荡不安。

当我想到我短暂的人生将被淹没在前后的永恒之中时，当我想到在我所栖身的局促空间，我甚至能看到它被我一无所知的无尽空间吞没，而我在其中无足轻重时，我既感到恐惧，又惊讶于自己为何在此处而不是在彼处，为何在此时而不是在彼时。这一切毫无理由。谁带我至此？又是依谁的命令和指令将这个时空分派给我？……无限空间的永恒沉默让我惊惧。

——布莱士·帕斯卡，《思想录》(1670)

当生命接近尾声时，保罗·高更在塔希提岛画了一幅令人难以忘怀的杰作——《我们从何处来？我们是谁？我们向何处去？》。这一杰作完美地囊括了困扰我的三个问题：我们——人、狗和其他有情众生——从哪里来？我们是谁？我们到哪里去？我是一名自然科学家。我有一种根深蒂固的渴望，想去寻找这些问题的答案，想要理解物理宇宙和意识。

我试图理解这一切——不是像神秘主义者那样，在圣加布里埃尔山脉的高海拔地区奔跑数小时，不时会有那种狂喜的体验，而是以一种理智的方式进行探索。

在这最后一章，我将分享一些我对科学和宗教的一些思考、一个稍显晚到的成熟过程，以及一些自传式的片段；这个稍显晚到的成熟过程迫使我重新评估自己童年的信仰，自传式的片段则旨在阐明我为什么关心自由意志问题。在与众多学生和同事的交流中，我发现许多人对于这些问题感到困惑，甚至夜不能寐。因此，在这一章，我希望能够为你们提供一些启示和解答。

二元论、灵魂和科学

柏拉图，这位西方哲学的"长老"，主张个体由非物质的、不朽的灵魂构成，然而这个灵魂却被困于物质的、终有一死的身体之中。这一观点恰当地体现了二元论，该理论主张现实世界由心智或精神的元素与物质的元素这两大截然不同的部分组成。柏拉图通过他在公元前387年创立的学园，成功地传播了他的哲学理念。这个学园是西方文明中的首个高等教育机构，为众多学者提供了深入研究的场所。顺便提一下，柏拉图学园所在的那片橄榄林以雅典英雄阿卡德摩斯

（*Akademos*）名字命名，我们现在的"学者"（academic）称呼正源于此。

这些柏拉图式的观点后来为《新约》所采纳。这些观点成为基督教灵魂教义的基础，即灵魂将在末日复活，并与上帝永远共融。人类意识的核心被认为是超然的、不朽的灵魂，这种信念在思想史上屡见不鲜，并为世界各地的许多信仰所广泛接受。

许多读者对于这种公然的二元论信念并不太容易产生共鸣。然而，基要主义（它不容忍理性的、人文的或自由主义的观点，而是坚持遵守有关身体和灵魂的教义和核心信念）却在世界范围内蓬勃高涨。年轻人比以往任何时候都更愿意以他们的神的名义杀死他人和自己。当尼采以发狂的语调宣称"上帝死了！"时，他可能没有预见到这一点。

当代学术著作在处理心身问题时，尽管会提及上帝和灵魂，但通常会将其置于次要地位。作者们常常以一种轻蔑的方式指出，科学与这些过时的思维方式显然并不相容。与三四个世纪前的情况相比，这种变化是巨大的！在那个时代，书籍和建筑都是为了表达对上帝的敬仰和献身于更大的荣耀（*ad majorem dei gloriam*）！

作为启蒙运动时期的哲学家，笛卡儿提出了一个重要的假设，即世界上的每个事物都由两种实体中的一种构成。具体而言，那些你能触摸到且具有空间延展性的东西被称为广延实体（*res extensa*），包括动物和人的身体和脑。而那些你看不见的、没有长度和宽度但却赋予人脑以生机的东西被称为**思维实体**（*res cogitans*），即灵魂。

我们通常将当前最先进的技术与脑的运作进行比较。在今天，它被视为庞大而错综复杂的互联网。在不久前，它被视为数字计算机。在更早之前，它则被视为在凡尔赛宫喷泉中移动的神、森林之神、海神、仙女和英雄的雕像。笛卡儿认为，就像驱动这些简单机器的水一样，"动物精气"（animal spirits）流经所有生物的动脉、脑腔、神经管，使它们运动起来。在与中世纪的经院传统及其无尽的玄思的彻底决裂中，笛卡儿为知觉和行动找到了机械论的解释。通过亲自解剖脑和身体，他认为大多数行为是由大小、形状和运动上不同的粒子的行动引发的。

然而，笛卡儿对于智力、推理和语言的机制并未给出明确的解答。在 17 世纪，人们尚未能够想象到，那些细致入微、逐步推进的指令，即我们今天所称的算法，是如何实现计算机下棋、面孔识别和网页翻译的功能的。笛卡儿因此求助于他那神秘而虚无缥缈的思维实体，这种实体是以某种模糊的方式进行思考和推理的。作为一位虔诚的天主教徒，笛卡儿认为思维实体只属于人类，坚定维护人与无灵魂的动物之间的绝对区别。正如他明确所述，当一只狗被马车撞到时，它可能会发出可怜的号叫声，但它无法真正感受到疼痛。

如果说我从毕生探索心身纽结的过程中获得了什么，那就是：无论意识的本质是什么，也不管它与脑有何种联系，狗、鸟类以及众多其他物种都具有意识。正如我在第三章所阐述并在本章再次强调的那样，狗的意识与人类的不同，其中一个原因就是狗既不能内省也不会说话——然而，毫无疑问，它们同样能够体验生命。

在第七章，我提到了哲学家卡尔·波普尔和神经生理学家、诺贝尔奖得主约翰·埃克尔斯，他们被认为是新近二元论的两个主要辩护者。现在，我想重复一下我在讨论他们对自由意志的看法时所提出的观点。他们所提倡的二元论，即心智强迫脑执行它的命令，存在一些无法令人满意的地方。早在3个世纪前，25岁的波希米亚公主伊丽莎白就向笛卡儿提出了一个问题：非物质的灵魂如何通过某种方式指导物质的脑实现其目标？如果灵魂是不可言传的，它如何能够操纵像突触这样的实物呢？理解脑对心智的因果作用相对容易，但反之则很难。心智与脑之间的任何交流都必须符合自然法则，尤其是能量守恒定律。如果脑所做的一些事情，比如扰乱突触，需要灵魂来完成，那么我们必须解释灵魂所做的这个工作。

脑与灵魂间交互的本质并非唯一的问题。灵魂如何记住事物？它有自身的记忆吗？如果有，在何处？它遵循什么逻辑？当脑死亡时，灵魂会怎么样？是否会像幽灵一样飘荡在某种多维空间中？在身体出现之前，灵魂在哪里？对于这些问题，我们目前还没有取得与关于物质世界的知识相兼容的答案。

对于宇宙及其万物，若我们希望真诚地寻求一个统一、理性且逻辑一致的观点，我们就必须摒弃灵魂不朽的观念。这一观念深植于我们的文化之中，贯穿于我们的歌曲、小说、电影、伟大建筑、公共话语以及神话之中。科学已经使我们告别了童年的幻想。对于许多人来说，成长意味着不安；对于少数人来说，成长则意味着难以忍受的痛苦。然而，我们必须学会面对世界的真实面貌，而不是我们想象的模样。一旦我们从神奇的幻想中解脱出来，我们就有机会理解我们如何融入这个不断演化的宇宙。

在我们的时代，主导思想是物理主义，即一切都可以归结为物理学。除了空间、时间、物质和能量，没有其他必要的东西需要诉诸。物理主义与物质主义只有一步之遥，它因其形而上的简单性而具有吸引力。它没有做出额外的假设。

相反，这种简单性也可以被视为一种贫乏。本书主张，物理主义本身无法全面解释心智的起源。在前一章，我勾勒了一种增强版的物理主义。这是属性二元论（property dualism）的一种形式：整合信息理论假定有意识的、现象性的体验与其潜在的物理载体是不同的。从信息角度来看，悲伤的体验是一个晶体，一个在万亿维度空间中奇妙复杂的形状，它与导致悲伤的脑状态在本质上是不同的。有意识的感觉来自整合信息；因果关系则来自脑的基本物理原理，但这一点很难理解。这是因为意识依赖于一个系统，而不是它各部分的总和。

我们可以把这个晶体看作 21 世纪版本的灵魂。但遗憾的是，它并不是不朽的。一旦底层物理系统瓦解，这一晶体就会熄灭。它又会回到**未成形的虚空**（the unformed void）之中，变回系统形成之前的状态。

然而，在这种瓦解出现之前，构成这个晶体的因果关系可以被上传至计算机。这就是所谓的**奇点**（Singularity），雷·库兹韦尔和其他技术人员期望通过这种方式实现永生——这的确让这些技术狂热者欣喜若狂。一旦相关的整合信息被还原为电子模式，它就可以被复制或编辑、出售或复制，与其他电子心智（electronic minds）捆绑在一起，或被删除。

但如果没有某种载体，没有**某种机制**，整合信息就无法存在。简单地说，没有物质，就没有心智。

宗教、理性和弗朗西斯·克里克

弗朗西斯·克里克是宗教与科学之间历史仇恨的一个例证。尽管他具有宽容的、中产阶级的英式教养，但他的观点却表明他对宗教持有一种敌意。在与他的多次讨论中，他表达了如下观点：人们有合理的理由摆脱上帝的世界，以严格基于自然力的解释取代对生命和意识的超自然解释。他希望将上帝永久地排除在理性和有教养谈话的领域之外。

弗朗西斯在他理解生命的目标上取得了巨大成功。尽管要理解前生命世界中生命的起源仍然有困难，但是理解生命演化的概念框架已基本构建完成。目前，对于他在第二个目标上所取得的进展程度进行准确评估，尚为时过早。

弗朗西斯对有组织宗教的反对富有传奇色彩。1961 年，他决定从剑桥大学丘吉尔学院辞职，以抗议在该学院场地增设教堂的计划。弗朗西斯认为，在一所强调科学、数学和工程学的现代大学中，宗教不该有容身之处。温斯顿·丘吉尔爵士（那个已经建立的学院就是以其名字命名的）试图安抚弗朗西斯，因为他认为建造教堂的经费是私人募集的，而且没有人会强迫人们去那里参加礼拜。然而，弗朗西斯的回应是设立一项基金，用于建造一座与大学相关的妓院。他指出，没有人会强迫人们利用妓院的服务，而且无论人们的宗教信仰如何，这个妓院都将接待他们。在回信中，他还附上了 10 基尼的定金。可想而知，他与温斯顿·丘吉尔爵士再也没有进一步的通信交往了。

当我与弗朗西斯相识时，他对于宗教思维的尖锐反对态度已经明显地趋于缓和。在他位于山顶的家中，我曾与他及奥迪尔共进晚餐，其间我们偶尔会讨论罗马天主教会及其在演化、禁欲等方面的立场。弗朗西斯了解到，我从小就接受天主教的教育并成长，偶尔还会参加弥撒。他从未深入探究我宗教信仰的根源，因为他是一个和蔼善良的人，他不想让我因为需要为自己的信仰辩护而感到尴尬——尤其是因为我的宗教信仰并不妨碍我们在严格的经验实证框架下对意识进行探索。

值得注意的是，在1994年出版的《惊人的假说》一书中，克里克阐述了他对心身问题的看法。他承认："作为一种选择，某些接近于宗教的观点或许似乎更可信。"然而，他随后提出了一种调和的观点，指出"第三种可能性始终存在；事实上存在看待心脑问题的一种新的替代方式，它明显不同于许多神经科学家现今所持的粗糙的物质主义的观点，亦不同于宗教的观点"。这并不是一个政治正确的表达，而是弗朗西斯对新的、另类的甚至是激进的解释持开放态度的体现，只要它们与绝大多数已经确立的事实兼容，是可证实的，并且会开启思想和实验的新大道。

自然神论，或作为神圣缔造者的上帝

存在主义者的最大谜题是，为何存在某些事物，而非一无所有。在尽量减少假设的前提下，存在的自然状态最接近于虚空（emptiness）。这里的虚空并非物理学家所指的充满活力的空虚之地，而是指没有任何物质、能量、时间和空间的纯粹之无（*rien, nada, nichts*）。然而，我们现在存在于这里，这就是谜。

在第一次世界大战期间，作为一名战俘，年轻的哲学家路德维希·维特根斯坦在壕沟中创作了《逻辑哲学论》。在这部作品中，他表达了对世界存在的惊异："神秘的不是世界是怎样的，而是它是这样的。"

宇宙学已经将这个问题追溯到创生本身，即那个让人无法想象的发生在137亿年前的激烈的大爆炸，这个时间深度完全超出了人类体验的极限。尽管史蒂芬·霍金和其他人竭尽所能，但恰恰在那里，物理学遇到了形而上学。

当万物都被压缩成一个无限致密的单一点时，是谁或什么为初始奇点设置了条件？它来自何处？难道"无中不能生有"（from nothing comes nothing）这个原则对整个宇宙及其中的任何事物都不适用吗？支配宇宙的法则源自何处？谁或什么创立了量子力学和广义相对论？这些规律是必然的吗？宇宙可以遵守其他规律而仍保持自洽吗？不遵循量子力学原理的宇宙是可行的，或者甚至是可想象的吗？

一种合理的解释是，过去、现在和未来始终都有一个至高存在（Supreme Being），即造物主。在时间之外，这个实体创造了自然法则，并让宇宙大爆炸得以存在。物理学由此产生了一个稳定的时空结构和我们的宇宙。在这最初的创造之后，这个神圣缔造者让宇宙自行其是，依偶然性和必然性自由地演化。最终，造物从原始黏泥中产生，并建造庙宇来颂扬这个至高存在。美国《独立宣言》中所谈到的**造物主**（Creator）或**神圣天意**（Divine Providence）就是指这个至高存在。托马斯·杰斐逊和本杰明·富兰克林都是自然神论者（deists），因为他们都信仰自然主义的上帝。

　　科学对于事物之间的交互方式以及它们如何从一种形态转变为另一种形态，提供了有效的描述。无论是星系、汽车、台球还是亚原子粒子，它们都以一定的规律运动，这种规律可以通过数学来表达，因此是可以预测的，这确实令人惊讶。正是由于这种"不可思议"的情况，一些物理学家和数学家——其中最著名的是爱因斯坦——相信存在一个造物者。想象一个如此复杂以至于难以理解的宇宙并不困难。然而，自然神论者的上帝创造了一个宇宙，这个宇宙不仅对生命友好，而且其规律性可以被人类心智理解。

　　然而，我们一直都在徒劳地寻找直接经验证据来证明这种超自然力量永恒存在。上帝不会在我们的实验试管中留下任何痕迹，也不会在我们的气泡室中留下任何踪迹。同时，上帝也没有通过逻辑来揭示自己。正如天文学家兼哲学家康德所说，所有关于上帝存在的证据都存在缺陷。我们无法通过一系列无懈可击的论证来得出上帝必然存在的坚实结论，也无法证明上帝不存在。此外，维特根斯坦也谨慎地指出："上帝没有**在**世界中显露自己。"

在 20 世纪 70 年代初，关于这一争论出现了一个新的转折，即**人择原理**（anthropic principle）。该原理主张，宇宙始终对稳定的、自我复制的生化系统表现出友善的态度。如果宇宙中的物理常数和参数稍有不同，复杂分子就无法存在，生命也就无法存在。因此，"人择"这个名称实际上是一个误称，因为这个原理并不指涉人类生命；更准确地说，它应该被称为"向生物"（biotropic）或"亲生物"（biophilic）原理。

以牛顿万有引力定律和库仑定律（揭示了带电粒子之间相互吸引和排斥的法则）为例。这两个定律具有相同的形式，即力与任意两个粒子之间距离的平方成反比。它们之间的唯一区别在于二次衰减项前面的常数。耐人寻味的是，为了形成我们所知的生命，两个相反电荷之间的作用力必须比它们之间的引力强 10^{40} 倍。如果这两个力之间的比值差之毫厘，我们就不会存在。另一个宇宙约束是，宇宙中所有带正电荷的粒子的总数必须等于所有带负电荷的粒子的总数；否则，电磁力将支配引力，恒星、星系和行星就无法形成。电子数量跟质子数量比起来相当于 $1/10^{36}$。如果强核力微强于或微弱于它的实际值，那么要么只存在氢，要么不会存在比铁重的元素。此外，宇宙的初始膨胀速度也需要恰到好处。如果宇宙膨胀过快，质子和中子就无法结合成原子核。如果宇宙的初始膨胀稍微慢一点，组成早期宇宙的炙热混合物就会因为太热而使原子核无法形成。简言之，必须出现一个数量上惊人的"巧合"，才会产生一个在足够长时间内稳定的宇宙，它有足够多样的化学元素来支撑复杂的碳基生命形式。

有些人认为人择原理是同义反复：如果宇宙对生命不友善，我们就不会在这里沉思它的存在。这意味着，在时间或空间中，存在不计其数的、不适宜生命居住的平行宇宙，而我们恰巧生存在一个有利于生命存在的宇宙之中。麻烦在于，我们不知道其他那些宇宙，因为它们从未被发现过。或许我们生活在一个多元宇宙之中，它包含无数互不影响且不可观测的宇宙。这一点很有可能。但有不计其数的世界存在这个想法是一个极强的假定；与操纵物理定律从而有利于生命形成的神圣缔造者的假设一样，这样的假定也是权宜之计。

人择原理引发的激烈辩论还没有显示出任何平息的迹象。

余下的既不是经验实证的知识，也不是逻辑的确定性，而是信念。一些人，如物理学家斯蒂芬·霍金和列纳德·蒙洛迪诺就持有这样的信念：一个尚未证实的物理理论，即 M

理论，将揭示宇宙为何以这种方式存在。然而，其他人则认为这只是一张可疑的期票，他们更相信不同的原理。

有神论，或作为干预者的上帝

上帝拥有什么力量？至高存在在它的创造中能影响事件的过程吗？毕竟，人们祈祷是希望上帝能够倾听他们的心声——只要他们的意图是纯洁的，他们的信仰是真诚的——并为他们求情，治好生病的孩子，稳住坎坷的婚姻，或祝福新的事业。如果上帝不能做其中任何一件事，又何必麻烦去求上帝呢？（在此，我不关心祈祷可能具有的有益的心理效应，诸如减轻焦虑。我追求一个更大的目标。）

有神论信仰的是一个能够干预宇宙、积极行动的上帝。有神论能同科学相容吗？当宇宙之外不服从自然法则约束的东西导致宇宙内部发生一些事情时，人们就会说这是奇迹。因此，这个问题需要改述一下：奇迹与科学相容吗？回答是断然不能。

（根据《新约》）以耶稣的首次公开行动来说吧——他在迦南的一个婚礼上把水变成了酒。这违背了质能守恒这一基本原理。构成酒的芳香剂和乙醚分子必定来自某处。水分子可以转化为构成酒的碳和其他元素及分子，但是这个壮举需要核聚变带来的巨大能量。像这样的事还从未被报道过。

每次对守恒原理进行测试，无论是在处理无穷小的事物方面，还是在处理无法想象的巨大事物方面，结果都表明它是可靠的。因此，在迦南发生奇迹的可能性极小。

科学家在工作中遵循的启发式演绎推理原则被称为**奥卡姆剃刀**（Occam's razor）。该原则以 14 世纪英国修道士和逻辑学家奥卡姆的威廉命名，其核心思想是，当存在两个同样合理的解释时，更简单的解释更可能是正确的。因此，一个更复杂、更费解的解释往往不如一个更简洁的解释。需要注意的是，"奥卡姆剃刀"并不是一个严格的逻辑原则，而是一种工作准则。

在重构异常事件，如谋杀或飞机失事的过程中，调查人员永远无法百分之百确定发生了什么。然而，"奥卡姆剃刀"为我们提供了一种方法来减少可能的选择。当缺乏明显的动机和物证痕迹时，如果辩护律师声称他们对谋杀负责，那么根据"奥卡姆剃刀"原则，我们应排除这种未知的袭击者。同样，如果有人主张政府密谋击垮飞机，但这种说法需要一系列不太可能的事件和许多人的积极参与，那么"奥卡姆剃刀"将发挥作用，排除这种理论。因此，"奥卡姆剃刀"是一种宝贵的工具，能帮助我们从考虑中剔除多余的实体。

至高存在把水变酒的行为太离谱了，我们完全可以用"奥卡姆剃刀"来否定它。更为合理的解释是，这种转变可能是由其他遵循物理定律的实体引起的。例如，婚礼组织者可能在地下室发现了遗忘已久的酒坛，或者有客人带来了酒作为礼物。此外，这个故事也可能是为了突出耶稣作为真正救世主的名望而虚构的。正如夏洛克·福尔摩斯所言："当你排除所有的不可能后，剩下的无论多么不可能，都一定是真相。"

奇迹是不可能发生的。日常现实的构造是如此严密，以至于无法为超自然力量所打破。恐怕上帝是一个缺席的宇宙房东。如果我们希望事情发生在这里，我们必须亲自来管理。其他人无法为我们做这些。

启示和经文有帮助吗？

在宗教传统中，超验知识的最重要来源是启示——对上帝的直接、亲身体验。扫罗在前往大马士革的路上与永生上帝的相遇，使他从迫害耶稣早期信徒的人化身为使徒保罗——基督教史上最伟大的传教士。同样，17世纪法国数学家、物理学家和哲学家布莱士·帕斯卡也通过类似的方式体验了上帝：在一张缝在其外套衬里的羊皮纸上，人们发现了关于他炽痛体验的描述。来自所有宗教传统的圣人和神秘主义者的著作都包含与绝对相遇和与宇宙合一的感觉，这进一步证明了这种体验的重要性。

如果我以这种方式体验上帝，如果我看到燃烧的树丛并感受到"令人敬畏的神迹"（*Mysterium tremendum*）的示现，那我就不会写下这些文字。我不会诉诸不充分的理由来弄清事情的真相。

鉴于我仅能依赖理性来寻求帮助，我在评估这种改变生命的体验在存在论层面（而非心理学层面）的有效性时，持有一定的怀疑态度。作为丈夫、父亲、儿子、兄弟、朋友、爱人、同事、科学家、公民以及热心的历史读者，当看到那些受过高等教育且充满理智的人会轻易地愚弄自己时，我总是深感惊讶。你我都深信，我们的动机是高尚的，我们比大多数人更聪明，异性也认为我们具有吸引力。

无人能够完全幸免于自欺欺人。我们都有错综复杂、潜移默化的防御机制，这些机制让我们能够在违背事实的情况下，保留自己所珍视的信念，即使这些信念与事实不符也是如此。例如，"9·11"事件、伊拉克危机以及雷曼兄弟破产，这些事件生动地证明，即使是所谓的"精英"也会像其他人一样遇到常识性的失败。我的加州理工学院同事、物理学家理查德·费曼曾经说过："第一个原则是，你一定不要愚弄自己，可是你就是那个最容易受到愚弄的人。"为了确保科学和医学研究的准确性，双盲实验协议至关重要。这些协议能够根除实验者隐含的偏见，否则这些偏见会严重影响研究结果。

鉴于人性中这些令人不安的事实，我很怀疑强烈的宗教体验——尽管毫无疑问是真切的感受——是否能揭示上帝的真实存在。保持客观对于人们而言非常重要。我不否认这类体验，但我对其中的解释保持警惕。我准备好了湿透的毯子和理性的冷水。

《圣经》是宗教思想和教义的另一个传统来源，当我面对它时，我同样抱持怀疑态度。生活在几千年前的人的体验和思想对于我们理解宇宙以及我们在其中所处的位置有重要意义，这种想法让我觉得很古怪。在写出《圣经》的年代，人们对宇宙的真实寿命和范围的了解非常有限，还不理解人类与动物之间的演化链条，还没认识到脑是心智之所在（无论是《旧约》还是《新约》，甚至都没有一次提到过脑）。

此外，我们可以观察到，不同社会和文化的基础文本及传统之间格格不入，有些追随者甚至愿意因这些差异而杀戮或献身，但这并没有增加我对这些所谓公认"真理"的信心。（如果我们在遥远的星球找到文明，那么将会有什么奇怪的神、仪式和信仰加入这个万神殿？它们也能获得救赎吗？耶稣也会为它们而死吗？）考虑到这个众多宗教的"集市"，我应该依据什么在其中选择一个？多年来，我与绝大多数人一样，相信我父母所信仰的东西。但这并非一个有根有据的选择。

　　《旧约》《新约》《古兰经》以及其他宗教经典都是诗意的、鼓舞人心的，并且对于人类持久的需求和愿望富有洞见。它们所宣扬的道德基础已经引导信众几千年。《圣经》一次又一次提醒我们，每个个体都是更大事物的一部分，都是更大信众群体的一部分，也都是创造的一部分。当代文化、政治和社会生活都围绕贪婪和消费的"金牛犊"①展开。战争和冲突、股市崩溃、环境恶化以及水和石油短缺提醒我们，我们如果忽视这些基本真理，就会自食其果。但是当我们对宇宙了解更多时，这些神圣文本与当代世界的关联性就会减弱。

　　让我以个人经历为例，阐述本书所探讨的科学见解如何在我的生活中产生具体影响。正如之前所解释的，许多（或许全部）物种都具有主观的现象感受，它们体验快乐和痛苦，拥有幸福和悲伤。基于这些知识，如果我们仅为了满足食欲而将动物饲养在恶劣的工业环境中，使它们远离自然栖息地，那么我们如何为这种行为辩护呢？我们怎么能仅因为想吃肉而饲养有情识的生物呢？仅仅因为能品尝到鲜嫩的肉，我们就将小牛关在狭小的笼子里——它们无法转身或躺下，并在短暂的生命中被剥夺了与社会的所有接触。那么，我们又如何为这种行为辩护呢？如今，当人们能够更容易地

---

　　①　golden calf，出自《旧约》中"膜拜金牛犊"的典故。此处泛指物质财富。——译者注

获取营养丰富、美味可口、价格实惠且更健康的替代肉类时，这种行为就显得尤为野蛮和残忍。然而，对于我来说，将这一理性观点付诸实践尤其困难，因为在我们的味觉和烹饪习惯中，肉质的美味已经根深蒂固。2004 年，苏珊·布莱克摩尔（Susan Blackmore），一个染着彩虹色头发的无畏的英国心理学家，为她的一本书来采访我。当苏珊突然问我，我是否吃肉时，我还刚刚就小鼠的意识做了一个即兴的结论，呼吁不要像许多用小鼠做研究的研究者所做的那样，轻率地杀死小鼠。我们彼此对视了一会儿，沉默不语，直到我叹了口气来掩饰被揭露为伪君子的尴尬。这件事确实让我感到苦恼。

在一年之后，我所钟爱的诺西离世，这让我深感痛心并开始反思。在我所饲养的六条狗中，我最钟情的便是那只聪明、活泼、充满好奇心的黑色德国牧羊犬。它的离去让我悲痛欲绝，至今我仍然时常在梦中与它重逢。在那晚，当它在我怀中逐渐失去生命的气息时，我陷入了深深的自责。我怎么能一边为它黯然神伤，一边却享受着羊羔和猪肉的美味呢？毕竟，它们与我的爱犬在智力和脑方面并无太大的区别。自那晚起，我决定不再食用哺乳动物和鸟类；然而，对于鱼类，我仍然有所保留。

《十诫》中没有任何一条教导我们不要食用有情识生物的肉。同时，它也没有提出爱护地球的明确要求。摩西《十诚》在指导临终决策或应对生殖克隆等问题上并无实际帮助。因此，我们需要一套全新的戒律，一套能够适应我们当前时代的戒律。正如现代动物权利运动的创始人之一、哲学家和伦理学家彼得·辛格所强烈倡导的那样，我们需要重新审视并制定适用于现代社会的道德准则。

我曾在阿卡迪亚[①]

我的成长经历让我向往绝对，并坚信在世间万物中均可寻得神圣之所在——无论是犬类的咆哮、繁星点缀的夜空、对元素周期表的深思，还是寒风中攀爬时冰冷指尖的刺痛，都是如此。

偶尔，我会在挑灯攻读时遭遇自己的黑暗面。在我十几岁的时候，夜晚躺在床上，我会深思永恒的意涵。时间永远继续下去会是怎样的体验？永远死去意味着什么——不仅是死去一个世纪或一千年，也不仅是很久或很久很久，而是永远？概念艺术家罗曼·欧帕卡（Roman Opalka）试图探索无限，捕捉无限——一个数字接着一个数字，从一到无穷，持

---

① *Et in Arcadia Ego*，一句拉丁文墓志铭，常被用于表达对过去美好时光的怀念和对逝去生活的追忆。——译者注

续不断，令人难以理解。① 在他生命的后 45 年里，他以描绘这个无止境的数字流的方式，处理了在我们面前伸展的无限这一令人眼花缭乱和可怕的概念。

然而，我从未对我自身的死亡产生过担忧。如同众多追求极限的年轻人——无论是在攀岩、摩托车比赛、金融领域，还是在战争中——我也从未过多考虑最终的结果。在我的生命历程中，死亡并未真正降临。甚至在我女儿伊丽莎白离世时，我也未因此从这种幸福自满的状态中觉醒。

直到四十出头，我才真正意识到死亡也会降临到我身上。我在第六章的开头几页讲述了这个故事。一天晚上，我的无意识开始反抗。我醒来时，抽象的知识变成了令人揪心的确定性：我真的要死了！

在接下来的几个月里，面对内心深处被遗忘和毫无意义的存在主义深渊，我一直在思考个人毁灭的意义。最终，经过某种无意识的重新调整过程，我重拾了我的基本态度：所有一切都如其所是。我无法用其他方式来描述它——既不是山顶上的皈依，也不是灵光一闪的深刻洞见，而是一种弥漫在我生命中的情识。每天早晨醒来，我都发现自己身处一个神秘和美丽的世界。对此，我深感敬畏。

这就是我，一种高度组织化的质能模式。我亦是 70 亿

---

① 指欧帕卡创作布面水粉画《1965/1-∞》的过程。——译者注

生灵中的一员——在任何客观的世界统计中都显得微不足道。再过不久，我将不复存在。在广阔的宇宙面前，我究竟是什么？实际上，我什么都不是。然而，正因为我必将会消逝，我的生命才更具有意义。**因为我终将逝去，所以我的生活尤其是我的孩子带给我的欢欣、我喜爱的狗、跑步和爬山、书籍和音乐、蔚蓝的天空，这一切都是有意义的。这就是它们应有的意义**。我并不知道以后会发生什么，如果存在通常意义上的"以后"的话；但无论如何，我从骨子里知道，一切都是最好的安排。

这种情识与我整体上阳光乐观的性格有密切关联，它在很大程度上由遗传因素决定，并在成长过程中受到有利环境的影响而得以放大。这两个方面都不是我的功劳。

伊迪思是一位坚忍不拔、有主见且富有责任感的女性。在近 30 年的时间里，她一直以脚踏实地的态度陪伴在我身边，对我产生了深远的影响。在她的引导下，我逐渐成长为一名教授和科学家。为了家庭的幸福，伊迪思女士曾将自己的事业暂时放在一边，专注于将我们的孩子培养成健康、聪明、机敏、负责任、出色的成年人。这意味着我可以给他们读故事，唱歌哄他们睡觉，和他们一起去国外旅行，远足，露营，漂流，帮助他们做家庭作业和学校项目，享受做父亲的所有其他乐趣，而不用牺牲我的职业生涯。

我们非常喜欢有毛茸茸的大型犬陪伴，特里克西耶、诺西、贝拉（Bella）和法尔科（Falko）都是我珍爱的伙伴，它们的数量并不固定。除了孩子，它们是我生活中最美好的存在。

我与几位同事共同负责两个科学暑期班，其中一个是位于马萨诸塞州伍兹霍尔的海洋生物实验室开设的计算神经科学班，另一个是在科罗拉多州特柳赖德开设的神经形态工程班（探讨工程师可以从神经生物学中学到什么）。这两个暑期班都受到广泛的欢迎。每年夏天，我们全家都会在这些美丽的地方度过整整四周，这是我生活中最快乐的时光。

当我儿子和女儿离开家上大学后，那段宁静而美好的时光便告一段落。我对他们的思念如潮水般涌来，无法抑制。为了填补内心深处的空虚，以及保持我自身的活力和能量，我开始在内华达山脉和约塞米蒂峡谷进行攀岩活动，同时也在当地的山区进行长距离的越野跑。此外，我还曾在死亡谷参加马拉松比赛。我挑战自己去做各种事情，以此来对抗内心不断增长的不安。然而，我最终还是患上了急性空巢综合征。

接着弗朗西斯离开了我的生活。当我和他还在他家进行研讨时，他的肿瘤医生打来电话，告诉他，他的结肠癌严重复发。他向远方凝望了一两分钟，然后又回到我们的讨论。午餐时，他同奥迪尔讨论了这个诊断，但那一天仅此而已。当然，我不了解那天晚上他内心的想法。

但我确切记得之前的交谈，他向我真诚表示，生命即将走到尽头让他感到悲痛；但他已下定决心，不会将生命的最后时刻浪费在无益的反思和默想上，也不会将其消耗在风险极高的实验性治疗中。此情此景，不由感叹：他的心智自制力是何等强大！他的镇定是何等惊人！

弗朗西斯经历了数月令人痛苦的化疗，但遗憾的是，癌细胞仍然持续扩散。某日，他在隔壁房间挂断电话后，步履蹒跚地经过我走向卫生间。当他返回并重新开始电话交谈时，他以稍显冷淡的语气表示："现在我可以真实地告诉他们，他们的想法令我感到极度不适。"（有人曾试图说服弗朗西斯同意制作一个他的人偶）。在即将离世之际，弗朗西斯赠予我一张他的真人大小的黑白照片，这是我认识他时的模样。他坐在一张藤椅上，眼神中透露出讽刺的意味，仿佛在审视着他周围的人们。照片上写着："献给克里斯托夫，弗朗西斯一直陪伴着你。"这张照片在我办公室中作为一种守护，时刻陪伴着我。

2004 年的夏天，弗朗西斯在前往医院的途中给我打了一通电话，他告诉我他需要推迟对我们最后一份手稿的修改工作。这份手稿主要探讨的是大脑皮层下呈片状结构的屏状体的功能。尽管身体状况不佳，他仍然坚持工作，通过秘书进行口授批改。然而，两天后，他离开了我们。奥迪尔回忆说弗朗西斯在临终之际产生了幻觉，与我争论快速放电的屏状核神经元及其与意识的联系。这展现了一位在痛苦尽头仍坚持探索科学真理的科学家形象。在我心中，他不仅是我的良师益友，更是一位以毫不退缩的态度面对衰老和死亡的英雄。他的离世给我的生命留下了巨大的空洞。

我的父亲在 21 世纪的最初几周去世了，父亲的去世让我失去了一位我可以向之乞求指导和支持的长者。尽管内心充满不安与悲痛，但《意识探秘》的成功出版又为我带来了一丝安慰。多年来，我一直致力于实现这一目标，而有时它似乎遥不可及。如今，随着目标的达成，我感到一种空虚和迷茫，仿佛失去了前进的使命。我渴望寻找像攀登安纳普尔纳峰那样的挑战，以重新点燃我生命的激情和动力。

由于多次经历生离死别，我与妻子之间的关系逐渐疏远，最终我们决定分手。这句话虽然简单，但却蕴含了深深的苦恼、悲伤、痛苦和愤怒；这些情感持续了很长时间，难以用言语来表达。（可以看看英格玛·伯格曼的幽暗杰作《婚姻场景》，在这部电影里，婚姻中的种种痛苦和无奈都呈现在了观众面前。）在那段时间里，我经历了一场激烈的危机，亲身体验了无意识的力量，这种力量以一种逃避有意识洞察的方式形塑了我的感受和行动。一旦那些力量被释放，我就无法控制它们，或者也许是我并不愿意去控制它们。这就像但丁在《神曲》中描述的那样，那些"使理性受制于欲望"的罪人被交付到第二层地狱。无疑，这是我人生中最黑暗、最糟糕的时刻。然而，某些事物却迫使我继续前进。

斯宾诺莎创造了一个美好的表达，即 *sub specie aeternitatis*，其含义深远，字面意思是"在永恒的形式之下"。这是一种远观的视角，就如同从高处俯瞰银河系，看到的是星盘上亿万星辰的旋转，其中许多星辰被微小的黑暗伴星环绕。在这浩渺的宇宙中，一些行星庇护着生命。在其中的一个行星上，半智能的、暴力的、社会性的灵长类动物正经历着激烈的交配和分离。他们赋予这种狂热的群集性活动以极大的宇宙重要性。然而，与银河系的巨大旋转周期相比，这些配对过程仅仅是一瞬间的闪光，就如同萤火虫的一闪，或者箭矢的飞逝。

当我以这种天体之光的时间深度进行审视时，我的痛苦的重要性开始逐渐减弱。我并非虚无主义者，因此我的苦难并非毫无意义，它们也不会压垮我的人生。我失去了中心太阳，成了一颗孤独的行星，在寂静的星辰空间中徘徊。我逐渐恢复了长久以来所拥有的内心平静——那份安宁，正如伊壁鸠鲁学派所言，即心安神定。

为了与自己达成和解，我研究了科学对自愿行动和自由意志的认识，这也是我撰写第七章的起因。通过阅读，我认识到，尽管我受到无数事件和倾向的影响，但我不能将之归咎于生物冲动或无名的社会力量。我必须采取行动，并承担责任，否则我将失去自我意识的意义，也无法理解善恶行动的观念。

一天晚上，我在困境中一边观看奇幻动作电影《高地人》，一边享用整瓶巴罗洛，内心产生了一种寻求象征性表达的渴望。午夜时分，我决定跑到威尔逊山山顶，那里的海拔比帕萨纳迪高出 5 000 英尺。然而，在戴着头灯历经一小时的艰难攀爬后，我因身体不适，开始呕吐。我认识到自己的行为极其愚蠢，于是决定返回。在返回之前，我面对着漆黑夜空，大声朗诵了《不可征服》（Invictus）这首诗的最后一句："我是我命运的主宰，我是我灵魂的统帅。"这或许是我关于自由意志问题的热情表达：无论如何，我是自己人生的主宰。

至此，我已经清晰地阐述了许多内容。我之所以决定撰写这本书，源于三个深层次的动机：首先，描述我对意识的物质根源的探索；其次，与个人的失败达成和解；最后，使我对宇宙的统一观以及我在其中的角色的寻求能够圆满结束，使偶然性和必然性都得到公正的对待。

将我的旗帜钉死在桅杆上 ①

我的叙述至此结束。我坚信，科学已经具备充分理解身

---

① Nailing My Colors to the Mast，源自 18—19 世纪海军作战传统的一个短语，原意为死战到底、绝不屈服。这里引申为旗帜鲜明地表明立场。——译者注

心问题的能力。套用《哥林多前书》中的话说："我们如今仿佛对着实验室观看，模糊不清，但到那时，我们将获得真知。"

我坚信，某些深层和基本的组织原则创造了这个宇宙，并使它为一种我无法理解的目的而运转。我从小到大将这个实体称为上帝。不过，这个概念更接近于斯宾诺莎笔下的上帝，而非米开朗基罗画中的上帝。与笛卡儿同时代的神秘主义者安格鲁斯·西勒修斯（Angelus Silesius）准确把握了自因原动者（self-caused Prime Mover）的矛盾性："上帝是纯粹的无，无论是在此时还是在此地，我们都无法触摸它"（*Gott ist ein lauter Nichts, ihn rührt kein Nun noch Hier*）。

这些初生时期的恒星必须以壮观的超新星模式衰亡，这样才能为太空播撒下第二次创生所需的重元素种子——在一颗距离恰到好处、绕着年轻恒星运行的岩石行星上，能够自我复制的化学系统开始崛起。自然选择的竞争压力引起了第三次创生——具有情识和主观状态的造物开始崭露头角。随着神经系统的复杂性不断增长，达到令人难以置信的程度，其中一些生物演化出了思考自身以及周围美丽而又残酷的世界的能力。

在时间的广阔进程中，有情识的生命的出现是不可避免的。德日进的这一观点是对的，即：若不是整个宇宙的话，至少宇宙中的一些岛屿正朝着越来越复杂和越来越有自知力的方向演化。我并不是说，地球必须承载生命，或那种两足的、大脑袋的灵长类必须在非洲大草原上迁徙。然而，我坚信，物理定律不可抗拒地支持意识的出现。宇宙是一个持续的进程。这类信念勾起了许多生物学家和哲学家的悲叹，但源自宇宙学、生物学和历史学的证据是强有力的。

在时间的长河中，精神传统一直鼓励我们向同行的伙伴伸出援手。无论是世俗意识形态还是宗教，绝大多数都强调人们之间的共同纽带，即爱邻如己。正如音乐、文学、美术所表达的那样，宗教情识展现出人类最美好的一面。然而，从总体上看，它们在理解我们存在的谜团方面作用有限。唯一确定的答案来自科学。从智识和伦理的角度来看，我发现某些佛教传承是最具吸引力的传统。但这将是另一本书的主题。

失去我的宗教信仰，我感到深深的哀伤，就像永远离开了童年那温暖舒适的家乡，那里充满了光芒和美好的回忆。当走进有着高大穹顶的大教堂或聆听巴赫的《马太受难曲》时，我仍满怀敬畏。我也无法摆脱大弥撒的那种激昂、辉煌和壮观。然而，丧失自己的宗教信仰是我成长、成熟以及以真实眼光看待世界的一部分，这是我无法回避的。

我被放逐到这个辉煌、陌生、可怕且时常荒凉的宇宙之中。我努力通过其纷繁的示现——它的人类、犬类、树木、山峦和群星——去探寻永恒的宇宙旋律。

当讲完和做完这一切后，我心中留下的是一种深刻且持久的惊异感。2 000多年前，一位生活在犹太沙漠小聚落中的抄书吏，在《死海古卷》中恰如其分地表达了这一情感。让我以他的诗篇作为本书的结尾：

> 我行走于广袤无垠的高地
> 深知仍有希望存在
> 为你除去尘封
> 与永恒事物相伴。

注　释

2004 年，我出版了《意识探秘》，该书概括了弗朗西斯·克里克与我共同采用的研究路径，并阐述了对于意识而言非常关键的神经生物学回路和心智过程。书中包含数百个脚注，分布在只有单行间距的 400 多页中，引用了近千份学术资料。相较现在这本书，那本书的内容更为严谨。若想深入了解书中提及的技术与实验，请参见洛雷和托诺尼主编的《探索》（Laureys & Tononi Eds., *Quest*, 2009）、最新版本的维基百科或者以下部分注释。我还为《科学美国人·心智》（*Scientific American Mind*）的专栏"意识回归"（Consciousness Redux）撰写了一些文章，主要介绍目前意识研究的动态。

第一章

里德利（Ridley, 2006）的简要传记精湛地描绘了弗朗西斯·克里克的个性特质。奥尔比（Olby, 2009）的权威巨著则更深入地剖析了弗朗西斯的科学贡献。该书倒数第二章还记载了弗朗西斯与我之间的合作历程。

关于"难问题"这一术语的源起与内涵，参见 Chalmers, 1996。

第二章

科赫和塞格夫（Koch & Segev, 2000）对单个神经元的生物物理机制进行了全面阐述。

曼和保尔森（Mann & Paulsen, 2010）描述了数万个神经元产生的局部场电位对这些神经细胞放电的影响。阿纳斯塔西奥等（Anastassiou et al., 2011）的实验则直观揭示了弱外电场如何同步神经元的放电过程。

经济领域并不遵循守恒定律：一家公司可能今日市值高达数十亿美元，然而次日便急剧缩水至仅值数百万美元，尽管实际情况没有任何变化——同样的人在具有同样基础设施的大楼里工作。那么，财富去了何处？事实是，市场对公司未来前景的信心与期望突然消散，进而导致市场估值的下滑。与能量不同，货币既可被创造，也可被毁灭。

第三章

弗朗西斯对意识及其生物学基础的概述，尽管已有年头了，但其精湛之处依然不减（Crick, 1995）。

克雷格·文特尔合成生物有机体的研究成果，参见 Gibson, 2010。

丁达尔的论述出自他在 1868 年英国科学促进会（BAAS）数学和物理分会上发表的题为《科学唯物主义》（Scientific Materialism）的主席致辞（Tyndall, 1901）。

关于"唐怀瑟之门"的经典台词源自雷德利·斯科特执导的科幻电影《银翼杀手》的最后一幕。该片被誉为史上最伟大的科幻作品，其故事基础源于菲利普·迪克于 1968 年创作的杰出小说《仿生人会梦见电子羊吗？》。这部小说预示了"恐怖谷"（uncanny valley）效应，即机器人或者接近完美但不完全完美的电脑动画人类复制品会引发一种强烈的心理反感。

赫胥黎的论述出自他于 1884 年在一个英国协会发表的一篇卓越演讲，而在 16 年前，丁达尔也在该协会发表过演讲。赫胥黎反驳了笛卡儿的观点，即动物仅为机器或自动机，并无有意识的感知。他主张，从生物连续性的角度来看，部分动物与人类在意识方面存在共通之处；然而在意识功能方面，这些动物相较人类仍有较大差距。

关于动物意识的最佳阐述，可参见道金斯（Dawkins, 1988）的《仅通过我们的眼睛？》（*Through Our Eyes Only?*），同时还可借鉴格里芬（Griffin, 2001）的深厚见解。埃德尔曼和赛斯（Edelman & Seth, 2009）则聚焦于鸟类和头足类动物的意识现象。

一个简要的关于神经解剖学的现代概述，可参见 Swanson, 2012。

克拉考尔的论述出自其自 1990 年起关于登山运动的出色随笔集。

在 MRI 扫描仪内观赏电影《黄金三镖客》的情形，参见 Hasson et al., 2004。

与自我相关的脑区的失活现象，参见 Goldberg et al., 2006。

第四章

我们关于意识神经相关物的研究是一个持续不断深化的过

程（Crick & Koch, 1990, 1995, 1998, 2003）。哲学家大卫·查默斯论述了作为意识相关物观念的形而上学和概念假设的议题（Chalmers, 2000；另见 Block, 1996）。托诺尼和科赫（Tononi & Koch, 2008）则对相关实验研究进行了补充与更新。

劳舍基及其同事（Rauschecke et al., 2011）在神经外科领域，通过刺激视觉皮层表面，成功引发了视觉－运动知觉印象。

马克尼克等（Macknik et al., 2008）率先认识到舞台魔术可以为心理学和神经科学提供宝贵的启示，从而为这两个领域的研究打开了新的视角。

连续闪动抑制（CFS）技术由土谷和科赫（Tsuchiya & Koch, 2005）研发，该技术能够将眼前物体隐藏长达数十秒或更长时间。

CFS 技术在探究无意识心智方面的一个巧妙应用实例，可参见 Mudrik et al., 2011。关于掩蔽方法的概述，可参见 Kim & Blake, 2005。在蒋毅和何生等（Jiang et al., 2006）的研究中，志愿者需注视不可见的裸体男女图片；海恩斯和里斯（Haynes & Rees, 2005）则对注视不可见光栅的志愿者的脑部进行了 fMRI 检测。视觉词形区（VWFA）及其与阅读之间的关联，详见 McCandliss et al., 2003。

洛戈塞蒂斯（Logothetis, 2008）精辟地阐述了 fMRI 在解析底层神经元反应方面的潜在应用与局限性。他关于双眼竞争的神经元基础的经典研究，参见 Logothetis, 1998; Leopold & Logothetis, 1999。

一个来自日本和德国的研究团队（Watanabe et al., 2011）在人类初级视觉皮层中对视觉注意与意识进行了分离——通过刺激可见性进行评估。实验结果显示，受试者是否观察到他们关注的目标对 V1 区的血流动力学信号影响较小，而注意对 V1 区的血流动力学信号具有显著的调节作用。

　　本章讨论的大多数关于初级视觉、听觉和躯体感觉皮层中神经活动与有意识视觉之间分离的研究，可参见《意识探秘》一书的第 6 章。

　　皮层前部与后部的功能连接可以维持严重受损患者的意识的证据，参见 Boly et al., 2011。另见 Crick & Koch, 1995, Figure 1。

　　哲学家内德·布洛克的论述对注意与意识之间的关系产生了深远的影响（Block, 2007）。此外，范博克斯特尔等（van Boxtel et al., 2010）对将选择性视觉注意与视觉意识相分离的众多实验进行了深入探讨。

第五章

　　加朗等（Gallant et al., 2000）阐述了病例 A. R. 的相关情况。

　　我钟爱的神经病学家奥利弗·萨克斯的最新著作（Sacks, 2011）生动地描绘了面孔失认症患者及其他神经功能损伤者的状况。萨克斯以其热忱的态度，见证了人类在面对疾病时的应对方式。通过探讨我们如何从中获得生活智慧，他向我们展示了一种深刻的人文关怀。

　　作为皮层电生理学的先驱之一，泽米尔·泽基提出了主节点这一概念（Zeki, 2001）。

　　对失忆症患者 H. M. 的科学遗产的梳理，参见 Squire, 2009。

　　基安·基罗加等（Quian Quiroga et al., 2005, 2009）发现，人类内侧颞叶中的概念细胞能够对名人或熟人的图像、文字及声音产生反应。这些现象与所谓的**祖母神经元**（Grandmother neurons）密切相关（Quian Quiroga et al., 2008）。瑟夫等（Cerf et al., 2010）通过计算机反馈技术，使患者能够通过思维来控制这些神经元。

欧文和蒙蒂等人（Owen et al. 2006; Monti et al., 2010）关于利用 MRI 技术探测部分植物人的意识的研究报告引起了全球关注。

帕尔维齐和达马西奥（Parvizi & Damasio, 2001）探究了 40 个或更多脑干核群与意识之间的关联。

关于死亡、脑与意识之间的关系，洛雷（Laureys, 2005）提供了惊人的动态见解。希夫（Schiff, 2010）则是一位专注于广泛脑外伤后意识恢复的神经病学家。

第六章

有关无意识领域的诸多谬误持续泛滥于各类出版物。不过，在严格控制条件下针对无意识进行的扎实的实证研究正在得到复兴。侯赛因等（Hassin et al., 2006）深入探讨了部分优秀的后弗洛伊德研究；伯林（Berlin, 2011）则关注无意识的神经生物学机制，包括已知和未知的方面。

让纳罗在其 1997 年的著作中详细阐述了他的研究成果。

死亡拒斥机制可能成为演化过程中的驱动因素，参见 Varki, 2009。

关于人类眼睛具备分辨超出肉眼所见精细程度的能力的实验，参见 Bridgeman et al, 1979; Goodale et al., 1986。洛根和克伦普（Logan & Crump, 2009）的研究表明，打字员的双手能够知晓其心智未知晓的事物。对有意识知觉与无意识视觉－运动行动的双视觉流理论的回顾，参见 Goodale & Milner, 2004。

麻省理工学院历史学家约翰·道尔（John Dower, 2010）深入探讨了珍珠港事件与"9·11"恐怖袭击在结构上的相似性与差异性，以及相关机构决策过程中的偏误。

启动实验取自 Bargh et al., 1996。约翰松等（Johansson et al., 2005）在研究中要求男性和女性参与者评判两位女性中哪一位更具吸引力，并在大部分参与者未察觉的情况下交换了她们的图片。

第七章

对自由意志与物理学之间关系的反思，启发自 Sompolinsky, 2005。

萨斯曼和威兹德姆（Sussman & Wisdom, 1988）证实了冥王星轨道的混沌特性。

果蝇展示的真实随机性程度，参见 Maye et al., 2007。

特纳（Turner, 1999）论述了早期宇宙的量子涨落与现今天空星系分布之间的关联。物理学家乔丹（Jordan, 1938）提出了一种将基本粒子物理学与自由意志相联系的量子放大器理论，此理论在部分领域仍具有广泛影响力。科赫和赫普（Koch & Hepp, 2011）探讨了量子力学与脑的潜在关联性。柯利尼等（Collini et al., 2010）为室温下光合蛋白中的电子相干性提供了有力证据。

"在对行动施加意志之前就存在脑活动"这一现象的最初报告，参见 Libet et al., 1983。孙俊祥等（Soon et al., 2008）基于这一最初实验的脑成像研究引起了公众的广泛关注。

神经心理学领域关于自由意志的研究日益增多（Haggard,
2008）。墨菲等（Murphy et al. Eds., 2009）编写了一本书，旨在
缓解基于神学和日常经验的传统自由意志观念与基于现代心理学
和生物学的自由意志观念之间的紧张关系。

关于弓形虫如何在小鼠的脑内寄生，进而操控其行为，使之
更易成为猫的捕食对象这一"恶劣"现象，参见 Vyas et al., 2003。
关于此类寄生虫侵入人脑可能导致的文化影响，参见 Lafferty,
2006。

韦格纳（Wegner, 2003）精湛地阐述了正常生命及病理状态下
自愿行动的心理机制。

两项神经外科研究通过对脑进行电刺激来诱发"自愿"行动
（Fried et al., 1991; Desmurget et al., 2009）。

第八章

巴尔斯的书（Baars, 2002）阐述了他关于意识的**全局工作空**
间模型。迪昂和尚热（Dehaene & Changeux, 2011）对支持全局工
作空间模型的神经成像和生理数据进行了评论。

查默斯关于信息论和意识的观点在其 1996 年著作的附录中有
详细阐述。

对托诺尼理论和思想的简介可参见其 2008 年的宣言。我强烈
推荐朱利奥的著作《*Phi*》（Tononi, 2012），其中朱利奥以高度文
学性的手法处理了相关事实和理论；在书中，弗朗西斯·克里克、
阿兰·图灵和伽利略以巴洛克风格展开了一场探索之旅。关于实
际的数学微积分方面，请参见 Balduzzi & Tononi, 2008, 2009。巴

雷特和赛斯（Barrett & Seth, 2011）提出了计算整合信息的启发式方法。

《意识探秘》的第 17 章讨论了裂脑患者的背景。莱姆（Lem, 1987）则以小说形式描绘了裂脑患者的生活。

值得注意的是，在人脑 860 亿个神经元中，有 690 亿位于小脑，只有 160 亿位于皮层（Herculano-Houzel, 2009）。换言之，大约每 5 个脑细胞中就有 4 个是小脑颗粒神经元，它们具有典型的 4 个粗短树突。其余 10 亿个神经元分布在丘脑、基底神经节、中脑、脑干等部位。然而，生而无小脑的人（罕见）或者因中风或其他损伤失去部分小脑的患者，其认知缺陷较少。他们主要的缺陷是运动失调、言语不清和步态不稳（Lemon & Edgley, 2010）。

经过数万代演化的动物机器人（*animats*）——寄生于计算机内部的夸张生物——证明，它们对模拟环境的适应性越强，其信息整合程度就越高（Edlund et al., 2011）。

科赫和托诺尼（Koch & Tononi, 2008）根据意识的整合信息理论探讨了机器意识的前景。我们还提出了一个基于图像的测试，以评估计算机有意识地观察图片的意义（Koch & Tononi, 2011）。

第九章

关于利用 TMS-EEG 联合测试睡眠中有意识心智的衰退过程，详见 Massimini et al., 2005。对持续性植物状态和最小意识状态患者的研究，参见 Rosanova et al., 2012。

尽管神经解剖学家尚无法确定蓝鲸是否比人类拥有更多的神经元，但已知蓝鲸的脑重达 17 磅。更大的脑体积并不一定意味着神经元数量更多；不过，如果鲸鱼和大象比人类有更多的脑细胞，那么这将相当令人震惊。关于脑体积与神经元数量之间的讨论，参见 Herculano-Houzel, 2009。

关于神经细胞类型的简要初级阅读材料，参见 Masland, 2004。

光遗传学的应用呈爆炸式增长。数百家实验室在各自选定的时间和地点操纵着在基因层面可识别的细胞群。其中，博伊登等（Boyden et al., 2005）利用 CHR2 驱动神经活动的开创性研究，具有非凡的意义。在光遗传学领域，我认为以下三项将神经回路与小鼠行为进行因果联系的实验最为巧妙，它们分别来自 Adamantidis et al., 2007（我所描述的食欲肽研究）；Gradinaru et al., 2009; Lin et al., 2011。对当前技术的概述，可参见 Gradinaru et al., 2010。

关于小鼠的艾伦脑图谱的全面描述，参见 Lein et al., 2007（可线上获取）。

迪昂等（Dehaene et al., 2001）通过 fMRI 技术测量了志愿者在注视可见和不可见词语时的反应。

第十章

布莱克摩尔的采访引发的尴尬可参见 Blackmore, 2006。

关于科学与宗教之间关系的文献繁多，这其中，我认为自由派神学家孔汉思（Hans Küng, 2008）的见解颇具启发。

我办公室中悬挂的弗朗西斯肖像，取自玛丽安娜·库克（Mariana Cook, 2005）创作的《科学的面孔》（*Faces of Science*）系列。

弗朗西斯在离世前仍在精心撰写关于屏状核的论文，详见

Crick & Koch, 2005。

　　哲学家彼得·辛格在1994年出版了一部颇具洞察力的著作，其中探讨了传统伦理学在应对现代生活与死亡挑战方面的不足。

　　尽管本书的结尾略为夸张，但书中的任何内容都不应被解读为我对待自身或我的生活过于严肃。在一家文身店（我左臂上拉蒙－卡哈尔的大脑皮层微回路就是在这家文身店文上的）的墙上，刻着一句训诫，可作为另一个结尾：

> 生命的旅程并非带着完好无损的身体安全抵达终点，而是在疲惫不堪中倾斜着滑进坟墓并高呼："天哪……这是一段多么美妙的旅程！"

参考文献

Adamantidis, A. R., Zhang, F., Aravanis, A. M., Deisseroth, K., & de Lecea, L. (2007). Neural substrates of awakening probed with optogenetic control of hypocretin neurons. *Nature*, *450*, 420–424.

Anastassiou, C. A., Perin, R., Markram, H., & Koch, C. (2011). Ephaptic coupling of cortical neurons. *Nature Neuroscience 14*, 217–223.

Baars, B. J. (2002). The conscious access hypothesis: Origins and recent evidence. *Trends in Cognitive Sciences*, *6*, 47–52.

Balduzzi, D., & Tononi, G. (2008). Integrated information in discrete dynamical systems: Motivation and theoretical framework. *PLoS Computational Biology*, *4*, e1000091.

Balduzzi, D., & Tononi, G. (2009). Qualia: The geometry of integrated information. *PLoS Computational Biology*, *5*, e1000462.

Bargh, J. A., Chen, M., & Burrows, L. (1996). Automaticity of social behavior: Direct effects of trait construct and stereotype activation on action. *Journal of Personality and Social Psychology*, *71*, 230–244.

Barrett, A. B., & Seth, A. K. (2011). Practical measures of integrated information for time-series data. *PLoS Computational Biology*, *7*, e1001052.

Berlin, H. A. (2011). The neural basis of the dynamic unconscious. *Neuro-psychoanalysis*, *13*, 5–31.

Blackmore, S. (2006). *Conversations on Consciousness: What the Best Minds Think about the Brain, Free Will, and What It Means to Be Human*. New York: Oxford University Press.

Block, N. (1996). How can we find the neural correlate of consciousness? *Trends in Neurosciences*, *19*, 456–459.

Block, N. (2007). Consciousness, accessibility, and the mesh between psychology and neuroscience. *Behavioral and Brain Sciences*, *30*, 481–499, discussion 499–548.

Boly, M., & Associates. (2011). Preserved feedforward but impaired top-down processes in the vegetative state. *Science*, *332*, 858–862.

Boyden, E. S., Zhang, F., Bamberg, E., Nagel, G., & Deisseroth, K. (2005). Millisecond-timescale, genetically targeted optical control of neural activity. *Nature Neuroscience*, *8*, 1263–1268.

Bridgeman, B., Lewis, S., Heit, G., & Nagle, M. (1979). Relation between cognitive and motor-oriented systems of visual position perception. *Journal of Experimental Psychology. Human Perception and Performance*, *5*, 692–700.

Cerf, M., Thiruvengadam, N., Mormann, F., Kraskov, A., Quian Quiroga, R., Koch, C., et al. (2010). On-line, voluntary control of human temporal lobe neurons. *Nature*, *467*, 1104–1108.

Chalmers, D. J. (1996). *The Conscious Mind: In Search of a Fundamental Theory*. New York: Oxford University Press.

Chalmers, D. J. (2000). What is a neural correlate of consciousness? In T. Metzinger (Ed.), *Neural Correlates of Consciousness: Empirical and Conceptual Questions* (pp. 17–40). Cambridge, MA: MIT Press.

Cook, M. (2005). *Faces of Science: Portraits*. New York: W.W. Norton.

Collini, E., Wong, C. Y., Wilk, K. E., Curmi, P. M. G., Brumer, P., & Schoes, G. D. (2010). Coherently wired light-harvesting in photosynthetic marine algae at ambient temperature. *Nature, 463,* 644–647.

Crick, F. C. (1995). *The Astonishing Hypothesis: The Scientific Search for the Soul*. New York: Scribner.

Crick, F. C., & Koch, C. (1990). Towards a neurobiological theory of consciousness. *Seminars in Neuroscience, 2,* 263–275.

Crick, F. C., & Koch, C. (1995). Are we aware of neural activity in primary visual cortex? *Nature, 375,* 121–123.

Crick, F. C., & Koch, C. (1998). Consciousness and neuroscience. *Cerebral Cortex, 8,* 97–107.

Crick, F. C., & Koch, C. (2003). A framework for consciousness. *Nature Neuroscience, 6,* 119–126.

Crick, F. C., & Koch, C. (2005). What is the function of the claustrum? *Philosophical Transactions of the Royal Society of London. Series B, Biological Sciences, 360,* 1271–1279.

Dawkins, M. S. (1998). *Through Our Eyes Only? The Search for Animal Consciousness*. New York: Oxford University Press.

Dehaene, S., & Changeux, J.-P. (2011). Experimental and theoretical approaches to conscious processing. *Neuron, 70,* 200–227.

Dehaene, S., Naccache, L., Cohen, L., Le Bihan, D., Mangin, J.-F., Poline, J.-B., et al. (2001). Cerebral mechanisms of word masking and unconscious repetition priming. *Nature Neuroscience, 4,* 752–758.

Desmurget, M., Reilly, K. T., Richard, N., Szathmari, A., Mottolese, C., & Sirigu, A. (2009). Movement intention after parietal cortex stimulations in humans. *Science, 324,* 811–813.

Dower, J. W. (2010). *Cultures of War: Pearl Harbor, Hiroshima, 9–11, Iraq*. New York: W.W. Norton.

Edelman, D. B., & Seth, A. K. (2009). Animal consciousness: A synthetic approach. *Trends in Neurosciences, 32,* 476–484.

Edlund, J.A., Chaumont, N., Hintze, A., Koch, C., Tononi, G., and Adami, C. (2011). Integrated information increases with fitness in the simulated evolution of autonomous agents. *PLoS Computational Biology, 7*(10): e1002236.

Fried, I., Katz, A., McCarthy, G., Sass, K. J., Williamson, P., Spencer, S. S., et al. (1991). Functional organization of human supplementary motor cortex studied by electrical stimulation. *Journal of Neuroscience, 11,* 3656–3666.

Gallant, J. L., Shoup, R. E., & Mazer, J. A. (2000). A human extrastriate area functionally homologous to macaque V4. *Neuron, 27,* 227–235.

Gibson, D. G., & Associates. (2010). Creation of a bacterial cell controlled by a chemically synthesized genome. *Science, 329,* 52–56.

Goldberg, I. I., Harel, M., & Malach, R. (2006). When the brain loses its self: Prefrontal inactivation during sensorimotor processing. *Neuron, 50,* 329–339.

Goodale, M. A., & Milner, A. D. (2004). *Sight Unseen: An Exploration of Conscious and Unconscious Vision*. Oxford, UK: Oxford University Press.

Goodale, M. A., Pélisson, D., & Prablanc, C. (1986). Large adjustments in visually guided reaching do not depend on vision of the hand or perception of target displacement. *Nature, 320,* 748–750.

Gradinaru, V., Mogri, M., Thompson, K. R., Henderson, J. M., & Deisseroth, K. (2009). Optical deconstruction of Parkinsonian neural circuitry. *Science, 324*, 354–359.

Gradinaru, V., Zhang, F., Ramakrishnan, C., Mattis, J., Prakash, R., Diester, I., et al. (2010). Molecular and cellular approaches for diversifying and extending optogenetics. *Cell, 141*, 154–165.

Griffin, D. R. (2001). *Animal Minds: Beyond Cognition to Consciousness.* Chicago, IL: University of Chicago Press.

Haggard, P. (2008). Human volition: Towards a neuroscience of will. *Nature Reviews. Neuroscience, 9*, 934–946.

Hassin, R. R., Uleman, J. S., & Bargh, J. A. (Eds.). (2006). *The New Unconscious.* Oxford, UK: Oxford University Press.

Hasson, U., Nir, Y., Levy, I., Fuhrmann, G., & Malach, R. (2004). Intersubject synchronization of cortical activity during natural vision. *Science, 303*, 1634–1640.

Haynes, J. D., & Rees, G. (2005). Predicting the orientation of invisible stimuli from activity in human primary visual cortex. *Nature Neuroscience, 8*, 686–691.

Herculano-Houzel, S. (2009). The human brain in numbers: A linearly scaled-up primate brain. *Frontiers in Human Neuroscience, 3*, 1–11.

Jeannerod, M. (1997). *The Cognitive Neuroscience of Action.* Oxford, UK: Blackwell.

Jiang, Y., Costello, P., Fang, F., Huang, M., & He, S. (2006). A gender- and sexual orientation-dependent spatial attentional effect of invisible images. *Proceedings of the National Academy of Sciences of the United States of America, 103*, 17048–17052.

Johansson, P., Hall, L., Sikström, S., & Olsson, A. (2005). Failure to detect mismatches between intention and outcome in a simple decision task. *Science, 310*, 116–119.

Jordan, P. (1938). The Verstärkertheorie der Organismen in ihrem gegenwärtigen Stand. *Naturwissenschaften, 33*, 537–545.

Kim, C. Y., & Blake, R. (2005). Psychophysical magic: Rendering the visible invisible. *Trends in Cognitive Sciences, 9*, 381–388.

Koch, C. (2004). *The Quest for Consciousness: A Neurobiological Approach.* Englewood, CO: Roberts & Company.

Koch, C., & Hepp, K. (2011). The relation between quantum mechanics and higher brain functions: Lessons from quantum computation and neurobiology. In R. Y. Chiao, M. L. Cohen, A. J. Leggett, W. D. Phillips, & C. L. Harper, Jr. (Eds.), *Amazing Light: New Light on Physics, Cosmology and Consciousness* (pp. 584–600). New York: Cambridge University Press.

Koch, C., & Segev, I. (2000). Single neurons and their role in information processing. *Nature Neuroscience, 3*, 1171–1177.

Koch, C., & Tononi, G. (2008). Can machines be conscious? *IEEE Spectrum, 45*, 54–59.

Koch, C., & Tononi, G. (2011). A test for consciousness. *Scientific American, 304* (June), 44–47.

Krakauer, J. (1990). *Eiger Dreams.* New York: Lyons & Burford.

Küng, H. (2008). *The Beginning of All Things: Science and Religion.* Cambridge, UK: Wm. B. Eerdmans.

Lafferty, K. D. (2006). Can the common brain parasite, *Toxoplasma gondii*, influence human culture? *Proceedings. Biological Sciences / The Royal Society, 273*, 2749–2755.

Laureys, S. (2005). Death, unconsciousness and the brain. *Nature Reviews. Neuroscience, 6*, 899–909.

Laureys, S., & Tononi, G. (Eds.). (2009). *The Neurology of Consciousness.* New York: Elsevier.

Lein, E. S., & Associates. (2007). Genome-wife atlas of gene expression in the adult mouse brain. *Nature, 445*, 168–176.

Lem, S. (1987). *Peace on Earth*. San Diego: Harcourt.

Lemon, R. N., & Edgley, S. A. (2010). Life without a cerebellum. *Brain, 133*, 652–654.

Leopold, D. A., & Logothetis, N. K. (1999). Multistable phenomena: Changing views in perception. *Trends in Cognitive Sciences, 3*, 254–264.

Libet, B., Gleason, C. A., Wright, E. W., & Pearl, D. K. (1983). Time of conscious intention to act in relation to onset of cerebral activity (readiness-potential). The unconscious initiation of a freely voluntary act. *Brain, 106*, 623–642.

Lin, D., Boyle, M. P., Dollar, P., Lee, H., Lein, E. S., Perona, P., et al. (2011). Functional identification of an aggression locus in the mouse hypothalamus. *Nature, 470*, 221–226.

Logan, G. D., & Crump, M. J. C. (2009). The left hand doesn't know what the right hand is doing: The disruptive effects of attention to the hands in skilled typewriting. *Psychological Science, 20*, 1296–1300.

Logothetis, N. K. (1998). Single units and conscious vision. *Philosophical Transactions of the Royal Society of London. Series B, Biological Sciences, 353*, 1801–1818.

Logothetis, N. K. (2008). What we can do and what we cannot do with fMRI. *Nature, 453*, 869–878.

Macknik, S. L., King, M., Randi, J., Robbins, A., Teller, J. T., & Martinez-Conde, S. (2008). Attention and awareness in stage magic: Turning tricks into research. *Nature Reviews. Neuroscience, 9*, 871–879.

Mann, E. O., & Paulsen, O. (2010). Local field potential oscillations as a cortical soliloquy. *Neuron, 67*, 3–5.

Masland, R. H. (2004) Neuronal cell types. *Current Biology, 14*(13), R497–500.

Massimini, M., Ferrarelli, F., Huber, R., Esser, S. K., Singh, H., & Tononi, G. (2005). Breakdown of cortical effective connectivity during sleep. *Science, 309*, 2228–2232.

Maye, A., Hsieh, C.-H., Sugihara, G., & Brembs, B. (2007). Order in spontaneous behavior. *PLoS ONE, 2*, e443.

McCandliss, B. D., Cohen, L., & Dehaene, S. (2003). The visual word from area: Expertise for reading in the fusiform gyrus. *Trends in Cognitive Sciences, 7*, 293–299.

Monti, M. M., & Associates. (2010). Willful modulation of brain activity in disorders of consciousness. *New England Journal of Medicine, 362*, 579–589.

Mudrik, L., Breska, A., Lamy, D., and Deouell, L.Y. (2011). Integration without awareness: Expanding the limits of unconscious processing. *Psychological Sciences, 22*, 764–770.

Murphy, N., Ellis, G. F., & O'Connor, T. (Eds.). (2009). *Downward Causation and the Neurobiology of Free Will*. Berlin: Springer.

Olby, R. (2009). *Francis Crick: Hunter of Life's Secrets*. New York: Cold Spring Harbor Press.

Owen, A. M., & Associates. (2006). Detecting awareness in the vegetative state. *Science, 313*, 1402.

Parvizi, J., & Damasio, A. R. (2001). Consciousness and the brainstem. *Cognition, 79*, 135–160.

Quian Quiroga, R., Kraskov, A., Koch, C., & Fried, I. (2009). Explicit encoding of multimodal percepts by single neurons in the human brain. *Current Biology, 19*, 1–6.

Quian Quiroga, R., Kreiman, G., Koch, C., & Fried, I. (2008). Sparse but not "Grandmother-cell" coding in the medial temporal lobe. *Trends in Cognitive Science, 12*, 87–89.

Quian Quiroga, R., Reddy, L., Kreiman, G., Koch, C., & Fried, I. (2005). Invariant visual representation by single neurons in the human brain. *Nature, 435*, 1102–1107.

Rauschecker, A. M., Dastjerdi, M., Weiner, K. S., Witthoft, N., Chen, J., Selimbeyoglu, A., & Parvizi, J. (2011). Illusions of visual motion elicited by electrical stimulation of human MT complex. *PLoS ONE 6*(7), e21798.

Ridley, M. (2006). *Francis Crick: Discoverer of the Genetic Code*. New York: HarperCollins.

Rosanova, M., Gosseries, O., Casarotto, S., Boly, M., Casali, A.G., Bruno, M.-A., Mariotti, M., Boveroux, P., Tononi, G., Laureys, S., & Massimini, M. (2012) Recovery of cortical effective connectivity and recovery of consciousness in vegetative patients. *Brain*, in press.

Sacks, O. (2011). *The Mind's Eye*. New York: Knopf.

Schiff, N. D. (2010). Recovery of consciousness after brain injury. In M. S. Gazzaniga (Ed.), *The Cognitive Neurosciences*, 4th ed. (pp. 1123–1136). Cambridge, MA: MIT Press.

Singer, P. (1994). *Rethinking Life and Death: The Collapse of our Traditional Ethics*. New York: St. Martin's Griffin.

Sompolinsky, H. (2005). A scientific perspective on human choice. In Y. Berger & D. Shatz (Eds.), *Judaism, Science, and Moral Responsibility* (pp. 13–44). Lanham, MD: Rowman & Littlefield.

Soon, C. S., Brass, M., Heinze, H.-J., & Haynes, J.-D. (2008). Unconscious determinants of free decisions in the human brain. *Nature Neuroscience, 11*, 543–545.

Squire, L. R. (2009). The legacy of patient H.M. for neuroscience. *Neuron, 61*, 6–9.

Sussman, G. J., & Wisdom, J. (1988). Numerical evidence that the motion of Pluto is chaotic. *Science, 241*, 433–437.

Swanson, L. W. (2012). *Brain Architecture: Understanding the Basic Plan*, 2nd edition. New York: Oxford University Press.

Tononi, G. (2008). Consciousness as integrated information: A provisional manifesto. *Biological Bulletin, 215*, 216–242.

Tononi, G. (2012). *PHI: A Voyage from the Brain to the Soul*. New York: Pantheon Books.

Tononi, G., & Koch, C. (2008). The neural correlates of consciousness: An update. *Annals of the New York Academy of Sciences, 1124*, 239–261.

Tsuchiya, N., & Koch, C. (2005). Continuous flash suppression reduces negative afterimages. *Nature Neuroscience, 8*, 1096–1101.

Turner, M. S. (1999). Large-scale structure from quantum fluctuations in the early universe. *Philosophical Transactions of the Royal Society of London. Series A: Mathematical and Physical Sciences, 357*(1750), 7–20.

Tyndall, J. (1901). *Fragments of Science* (Vol. 2). New York: P.F. Collier and Son.

van Boxtel, J. A., Tsuchiya, N., & Koch, C. (2010). Consciousness and attention: On sufficiency and necessity. *Frontiers in Consciousness Research, 1*, 1–13.

Varki, A. (2009). Human uniqueness and the denial of death. *Nature, 460*, 684.

Vyas, A., Kim, S.-K., Giacomini, N., Boothroyd, J. C., & Sapolsky, R. M. (2007). Behavioral changes induced by *Toxoplasma* infection of rodents are highly specific to aversion of car odors. *Proceedings of the National Academy of Sciences of the United States of America, 104*, 6442–6447.

Watanabe, M., Cheng, K., Murayama, Y., Ueno, K., Asamizuyu, T., Tanaka, K., & Logothetis, N. (2011). Attention but not awareness modulates the BOLD signal in the human V1 during binocular suppression. *Science, 334*, 829–831.

Wegner, D. M. (2003). *The Illusion of Conscious Will*. Cambridge, MA: MIT Press.

Zeki, S. (2001). Localization and globalization in conscious vision. *Annual Review of Neuroscience, 24*, 57–86.

译后记

科赫是当代意识（神经）科学研究领域的重要奠基人之一，其意识研究独树一帜，彰显出显著的个人风格。本书中的一些自传性描述和自白尤其反映了科赫在冷静客观的科学领域及其之外的诸多方面，折射出他思想的包容性，以及对存在之谜、科学、宗教和复杂多维人性的思考和体悟。

意识之谜不仅仅是一个当今探寻意识（神经）机制的科学问题，更是一个具有深刻哲学意蕴的问题。那么，意识之为哲学问题的实质是什么呢？哲学家丽贝卡·戈尔茨坦（Rebecca Goldstein）以直指人心的笔触清晰地展示了这一点：

> 意识无疑是个物质的问题——不然它还能是什么呢，毕竟我们都是物质啊。不过，一些大块物质拥有内在生命（有时甚至颇为丰富）的事实，依然不同于我们遇到的物质的其他任何属性，更不用说解释这种属性了。根据运动物质的定律能够产生这

一切吗？突然间，物质怎么就苏醒了，并掌管了这个世界呢？突然间，物质怎么有了态度，有了观点，有了充满幻想的生活呢？①

对于查默斯所做的意识研究中的"易问题"②与"难问题"③的著名区分，我认为，"易问题"并不是说它就更容易解决，而"难问题"就更难解决；"易"与"难"并不是程度问题，而是性质问题——它们是不同类型的问题，前者属于科学实证的问题，而后者属于哲学思辨的问题。"易问题"的解决并不意味着"难问题"也随之解决，反之亦然。

要解决意识之谜，我认为，学界最终需要提出一个在三个问题上都达成共识的意识理论。我将此称为意识研究的"三维框架"，它同时也是衡定一个意识理论之全面性的基本

---

① Goldstein, R. (2012). The Hard Problem of Consciousness and the Solitude of the Poet, *Tin House, 13* (3), S3.

② "易问题"主要涉及认知科学中可以用标准方法处理的问题，例如脑如何对感觉信息进行处理和整合、脑如何产生和调控行为、脑的结构-动力学如何实现相关功能等。这些问题可以通过研究神经机制、计算机制和其他相关机制得到解答。

③ "难问题"主要涉及为什么某些物理过程（如脑活动）不仅仅是物理过程，同时还有与之如影随形的作为主体的主观体验，例如你看到慕士塔格峰时的独特感觉或你失去至亲时的切肤之痛。"难问题"之所以"难"并不在于我们不能弄清楚意识体验的神经机制或神经基质（substrate），而在于如何理解非情识（nonsentient）物质系统却产生了一个作为主体的主观体验。

参照系。这个三维框架是：

1. **现象学问题**，探讨如何经第一人称体验（日常感知和内省的体验、异常状态的体验、冥想状态的体验等）对意识的本质做出描述。这事关意识的定义。

2. **自然科学问题**，探讨与意识活动或状态相对应的生物神经机制或更深层的物理机制。

3. **哲学问题**，探讨意识在宇宙中的地位，或心身关系的究竟，也就是查默斯所表述的"难问题"。若无法对此问题予以合理阐释，意识对理智造成的困扰就无法最终消弭。

对应来看，"易问题"就是自然科学要解决的意识的机制问题，"难问题"则是哲学要做出说明的形而上学问题。然而，这两个问题的解决都有赖于学界在意识的现象学问题——意识的定义上取得共识。

近代意识研究的奠基者首推笛卡儿。在现象学上，他通过有条理、彻底的怀疑，提出了"我思，故我在"的著名观点。这一观点的逻辑基础在于，对于第一人称而言，意识体验具有自明性（self-evidencing）和自确证性（self-affirming）。在哲学层面，笛卡儿将物质本质定义为"广延"（extension），将心智本质定义为"思维"（thinking），从而成为近代物质内涵的标准物理主义假设的主要创立者；同时，他也不可避免地提出了更为彻底的现代实体二元论。在生理学领域，他试图在松果体中寻找心身交互的机制。

19世纪中晚期以及此后，意识的第一人称研究在胡塞尔开创的现象学学派那里得到最显著的发展。意识的形而上学研究在詹姆斯、怀特海、杜威、罗素等各学派（实用主义、过程哲学、分析哲学）哲学家的努力下实现了创造性的突破。与此同时，随着生理学、神经科学和科学心理学的兴起，意识不再局限于思辨性讨论，而是开始经由心理学、生理学和神经科学逐渐进入科学实证领域。

历史上，意识的科学研究在威廉·詹姆斯时代一度有过高水准的开启，但之后不久就遭遇了一场行为主义的寒冬。进入20世纪70年代，随着认知科学（包括哲学、心理学、认知神经科学、人工智能等领域）的全面发展，过去20年发生的最伟大变化也许就是人们已将意识视为一个合理的并有可能被驾驭的科学问题。意识研究逐渐演变成一门具有明确主题和特定问题领域的独立学科，即意识科学。

在此过程中，诸多意识理论也应运而生。目前，我们在学术文献中可见到不少于30个冠有名号的意识理论。这些理论大致可以分为三类：

1. **形而上学理论**，主要讨论意识体验的实在性地位，但目前哲学界关于这一问题还远没有取得一致意见，仍然存在实在论（realism）与错觉论（illusionism）的激烈争论甚至对立。

2. **概念思辨理论**，主要从现象学、心理学和概念的层面解析意识现象，对意识现象进行界定，或对意识的机制做思辨性的探讨。

3. **科学实证理论**，主要基于神经科学的实证数据探索意识的神经机制，尽管目前已经出现了许多具有坚实的实证基础的意识理论，但这些理论在意识的定义、形而上学、被解释项和解释力上存在广泛差异。

我们主张，意识研究的"三维框架"可以为评估意识理论的全面性提供基础性的参考体系。因此，一个卓越且优雅的意识理论不仅应在现象学、哲学和科学领域具备直接、明确的主张，同时作为科学理论还应在经验实证方面接受严格检验，并展现出出色的理论预测能力。优秀的理论能够指导实证研究，助力数据解析，推动新型实验技术的研发，并提升我们对所研究的现象的控制能力。事实上，只有在理论的指导下，实证发现才能最终为某一现象提供圆满的解释。

当代相对全面的意识理论首推全局神经工作空间理

论（global neural workspace theory, GNWT）和整合信息理论（information integration theory, IIT）。2019 年，邓普顿世界慈善基金会（TWCF）资助发起一项名为"加速意识研究"（Accelerating Research on Consciousness, ARC）的计划，旨在对各种意识理论开展"对抗性合作"（adversarial collaboration）检验。同年 11 月，在芝加哥召开的美国神经科学学会（SfN）的年会上，该计划的第一阶段正式启动，项目名称为"GNWT 与 IIT 的合作：检验关于体验的替代理论"（Collaboration On GNWT and IIT：Testing Alternative Theories of Experience, COGITATE）。

不同理论之间的对抗性合作不仅有助于明确它们之间的基本分歧，更为重要的是有助于深化对意识本性（包括实在性、定义和机制）的理解，并逐渐确立检验意识理论的标准。最终，通过汲取不同理论之精华，人类有望构建一个具备实证支持、逻辑一致性，且具有解释力和预测性的更全面的意识理论，从而彻底解开意识之谜这个"世界之结"。

科赫是 IIT 的热情赞颂者、支持者和发展者。

在意识的定义和功能方面，GNWT 与 IIT 存在一定差异。GNWT 主张，仅当意识具有通达性（accessibility）时，方可称之为具有意识；由于更侧重意识的认知功能方面，它对意识机制的理解更趋近于信息加工或计算系统。相较之下，

IIT 认为意识是一种自明的内在存在，由作用于自身的物理系统的因果属性决定；由于更侧重意识的第一人称存在性（即意识的主体或自我的面向），它对意识机制的理解更趋近于一个自我整合的动力系统。在 IIT 中，意识被视为反映系统自我整合程度的度量，即 Φ 值。

对意识本性的不同理解导致 GNWT 与 IIT 在具体预测意识的神经相关物方面存在显著分歧。GNWT 认为，意识本质上是一种全局广播，跨越多个专门的子系统模块，与分布在众多脑区的数百万个神经元相关联。这些神经元使信息得以放大、维持，并传递给专门的感觉处理器和丘脑皮层回路。同时，前额皮层起着关键作用，因为它拥有更大密度的神经元，这对于全局信息广播至关重要。IIT 则从脑区整合信息的能力出发，提出后部皮层"热区"具有较强的连通性，对于意识产生具有关键作用，而连通性相对较弱的前额皮层并非必要。

表面看来，GNWT 与 IIT 均主张在早期感知之后实现神经整合，强调神经信息的共享和复馈（reentry）的重要性。然而，这两个理论在概念抽象及解剖特异性方面存在显著差异。

目前，在科赫出版的关于意识研究的专著中，已有三部被译介到国内。其中，《意识探秘：意识的神经生物学研究》（*The Quest For Consciousness: A Neurobiological Approach*,

2004）由顾凡及先生和侯晓迪博士翻译，于 2012 年在上海世纪出版集团出版，2021 年再版；《意识与脑：一个还原论者的浪漫自白》（*Consciousness: Confessions of A Romantic Reductionist*, 2012）由我与安晖博士翻译，于 2015 年在机械工业出版社出版；《生命本身的感觉》（*The Feeling of Life Itself: Why Consciousness is Widespread But Can't be Computed*，2019）由我翻译，于 2024 年在湖南科学技术出版社出版，并被纳入"第一推动"系列。2023 年 11 月初，我突然接到中国人民大学出版社编辑郦益的电话，他告诉我，人大出版社计划再版 *Consciousness* 一书的中译本，问我是否可以承担翻译工作。我欣然接受了郦益编辑的邀请和提议。随后，我与李恒熙博士在机械工业出版社 2015 年版的基础上，对译文进行了一次全面、细致的修订，堪称一次全新的重译。

本书的翻译获得了国家社会科学基金一般项目"心智的生命观研究"（20BZX045）、国家社会科学基金重大项目"马克思主义认识论与认知科学范式的相关性研究"（22&ZD034）、科技部科技创新 2030——"脑科学与类脑研究"重大项目（2021ZD0200409）等基金的资助或支持，对此我们深表谢忱！

李恒威

2025 年 1 月 25 日

图书在版编目（CIP）数据

意识探索 /（美）克里斯托夫·科赫（Christof Koch）著；李恒威，李恒熙，安晖译. --北京：中国人民大学出版社，2025.7. --ISBN 978-7-300-34049-4

Ⅰ . B842.7

中国国家版本馆 CIP 数据核字第 2025GB8762 号

意识探索

[美] 克里斯托夫·科赫　著

李恒威　李恒熙　安晖　译

Yishi Tansuo

出版发行	中国人民大学出版社			
社　　址	北京中关村大街31号		邮政编码	100080
电　　话	010-62511242（总编室）		010-62511770（质管部）	
	010-82501766（邮购部）		010-62514148（门市部）	
	010-62511173（发行公司）		010-62515275（盗版举报）	
网　　址	http://www.crup.com.cn			
经　　销	新华书店			
印　　刷	涿州市星河印刷有限公司			
开　　本	890 mm×1240 mm　1/32		版　　次	2025 年 7 月第 1 版
印　　张	10.25 插页 3		印　　次	2025 年 7 月第 1 次印刷
字　　数	183 000		定　　价	69.00 元